U0342726

江西理工大学优秀博士论文文库

复杂氧化铜矿碱性浸矿菌种的选育及其浸矿机理

胡凯建　著

北　京
冶　金　工　业　出　版　社
2020

内 容 提 要

本书针对高碱性复杂氧化铜矿酸浸酸耗大、易发生化学堵塞、不适用酸性细菌强化浸出以及氨浸工艺复杂、成本高等问题，深入研究了复杂氧化铜矿碱性浸矿菌种的选育及浸出的有关规律，介绍了异养型碱性浸矿菌种的选育过程，分析了碱性产氨细菌浸铜的影响因素并对其进行优化，探讨了碱性浸矿菌种浸出复杂氧化铜矿的浸出行为机理，揭示了碱性细菌浸铜固液作用过程及动力学机理，提出了复杂氧化铜矿碱性细菌浸出新工艺，为复杂氧化铜矿的高效处理提供了新思路。

本书可供从事复杂氧化铜矿高效处理的研究人员、企业技术人员阅读，也可供大专院校采矿专业的师生参考。

图书在版编目(CIP)数据

复杂氧化铜矿碱性浸矿菌种的选育及其浸矿机理/胡凯建著.—北京：冶金工业出版社，2020.12
ISBN 978-7-5024-8603-7

Ⅰ.①复… Ⅱ.①胡… Ⅲ.①氧化铜—有色金属矿石—碱浸—细菌浸出—研究 Ⅳ.①TD952 ②TD853.37

中国版本图书馆 CIP 数据核字（2020）第 112407 号

出 版 人 苏长永
地　　址 北京市东城区嵩祝院北巷 39 号 邮编 100009 电话 (010)64027926
网　　址 www.cnmip.com.cn 电子信箱 yjcbs@cnmip.com.cn
责任编辑 郭冬艳 美术编辑 郑小利 版式设计 禹 蕊
责任校对 郭惠兰 责任印制 李玉山
ISBN 978-7-5024-8603-7
冶金工业出版社出版发行；各地新华书店经销；三河市双峰印刷装订有限公司印刷
2020 年 12 月第 1 版，2020 年 12 月第 1 次印刷
169mm×239mm；8.75 印张；169 千字；130 页
79.00 元

冶金工业出版社 投稿电话 (010)64027932 投稿信箱 tougao@cnmip.com.cn
冶金工业出版社营销中心 电话 (010)64044283 传真 (010)64027893
冶金工业出版社天猫旗舰店 yjgycbs.tmall.com
（本书如有印装质量问题，本社营销中心负责退换）

前　　言

复杂氧化铜矿矿物组成复杂、碱性脉石含量高、结合率高、含泥量大，是典型的难处理矿石，研究开发高效处理复杂氧化铜矿资源的技术对于扩大铜矿资源的利用范围、缓解我国铜资源供需矛盾具有重要意义。本书针对高碱性复杂氧化铜矿酸浸酸耗大、易发生化学堵塞、不适用酸性细菌强化浸出以及氨浸工艺复杂、成本高等问题，通过现场取样、室内试验、机理分析，围绕复杂氧化铜矿碱性浸矿菌种的选育及其浸矿机理进行了研究。

本书介绍了从土壤中分离出一株碱性细菌，研究了细菌菌落及菌体的形貌特征，通过 16SrRNA 测序确定其种属信息并对其进行命名；通过细菌生长特性研究，揭示细菌的生长代谢机制，考察了碳源、氮源、温度、初始 pH 值、细菌接种量、振荡速率对细菌生长代谢的影响。通过不同浓度矿浆的驯化试验，考察了矿浆对碱性细菌生长代谢的抑制作用，确定了细菌浸出的适宜矿浆浓度，提高了细菌对矿浆的适应性；开展了紫外诱变与化学诱变两阶段复合诱变进行高效浸矿菌种选育，改良了细菌的生长代谢活性，提升了细菌的浸铜能力，获得了高效的碱性浸铜菌种。

通过实验研究考察浸出温度、细菌接种量、初始 pH 值、矿浆浓度、矿石粒径、搅拌速度等因素对碱性细菌浸矿效果的影响，通过 Plackett-Burman 试验筛选细菌浸铜的关键影响因素，利用 Box-Behnken 试验考察了各关键影响因素的交互作用对浸出过程的影响，对碱性细菌浸铜效果进行优化，实现了铜离子的高效浸出。

设计并开展了细菌三步骤浸矿试验，考察了一步骤浸出、二步骤浸出及代谢产物浸出下矿石的浸出效果，分析了浸出前后矿石物相、表面形貌及颗粒内部孔裂隙的变化规律，基于试验结果分析了细菌直接吸附行为对浸出的影响规律，探明了细菌代谢产物对矿石的浸出作用，揭示了细菌及其代谢产物的浸出作用机理。

探讨了碱性细菌浸铜反应过程的固液作用及矿石侵蚀机理，在考虑浸出剂浓度变化的条件下，推导了液膜控制、固膜控制以及化学反应控制的固液反应动力学方程，构建了异养型细菌浸矿反应动力学模型，揭示了产氨细菌浸出过程固液反应的控制步骤，获取了浸出反应的表观活化能。

本书针对氧化铜矿石酸法堆浸工艺存在的问题，首次提出了碱性细菌堆浸新工艺，并优化了堆浸实施方案，解决了原工艺存在的技术问题，提出了细菌强化浸出技术措施，形成了复杂氧化铜矿碱性细菌浸出工艺原型。

本书内容所涉及的研究得到了国家自然科学基金（51904119）、江西省杰出青年人才资助计划（20192BCBL23010）、江西理工大学博士启动基金项目（jxxjbs18026）的资助，在此表示诚挚的感谢！

由于碱性细菌浸出复杂氧化铜矿的影响因素复杂，目前对其工业应用研究较少，相关研究仍在进行中，加之作者学识水平有限，书中难免有不妥之处，敬请广大读者批评指正。

作　者

2020年6月

目　录

1 绪　　论

1.1 来源及意义

1.1.1 来源

本书以国家自然科学基金重点项目“多相多场条件下浸矿体系响应机制及其过程调控”（50934002）和高等学校博士学科点专项科研基金资助课题“碱性体系细菌浸铜基础研究”（20110006130003）为基础，针对高碱性复杂氧化铜矿酸浸酸耗大、易发生化学堵塞、不适用自养型酸性细菌强化浸出以及氨浸工艺复杂、成本高等问题，选育异养型碱性产氨浸矿菌种，开展碱性产氨细菌强化浸出高碱性复杂氧化铜矿的研究。

1.1.2 目的与意义

铜作为一种大宗矿产资源与重要的工业原材料，是一个国家工业化进程中不可或缺的重要矿产品，被广泛应用于社会各行各业。随着经济的快速发展，我国已经成为全球最大的铜消费国[1]。尽管我国近年来铜矿山产量增长显著，但消费需求增速更快，铜矿资源国内供给不足，超过70%的铜资源需要依赖进口，资源供给瓶颈的束缚日益突出[2]。与世界铜资源资源储备相比，我国的铜矿资源无论在规模、矿石品位，还是利用难易方面都处于劣势，具体表现为[3,4]：我国中小型矿床多，大型、特大型矿床少，使得我国铜矿山建设规模普遍较小；铜矿多含伴生金属、元素，组成复杂；贫矿多、富矿少，铜矿石的平均品位仅为0.71%[5]。在这日益严峻的形势中，研究开发高效处理低品位复杂难处理铜矿资源的技术显得尤为紧迫，对于扩大铜矿资源的利用范围、缓解资源供需矛盾具有重要意义。

就世界铜矿资源而言，全部铜矿床中氧化铜矿和混合铜矿约占10%～15%，约占铜总储量的25%，每年由氧化铜矿中产出的铜金属约占铜金属总产量的30%。在我国的铜矿资源中，氧化铜矿的资源量约占我国铜矿总储量的1/4[6]。由于易开发利用的硫化铜矿资源越来越贫乏，对氧化铜矿的高效回收利用就显得非常重要。但是在这些氧化铜矿中，除具有工业意义的氧化铜矿物孔雀石以外，还有相当大的部分是难处理的氧化铜矿，碱性脉石含量高、结合率高、含泥量大[7]，主要分布在云南、湖北、广东、新疆、内蒙古、四川和黑龙江等省区。随着易处理的高品位氧化铜矿的消耗，中、低品位难处理氧化铜矿的利用问题日趋引起人们的关注和重视。近年来，溶浸采矿技术在我国获得了广泛的研究和应用，目前已发展成为我国大规模处理低品位、表外矿、废石等铜矿资源的有效技术手段[8~10]，根据浸出体系的酸碱度不同以及有无细菌参与，浸出技术工艺主要包括酸法浸出、碱法浸出和细菌浸出。

酸法浸出工艺具有工艺简单、反应速度较快等优点，当矿石含泥量高、碱性脉石含量高时，采用酸法浸出会存在酸耗量过大、容易产生堵塞的问题，导致酸法浸出经济效益差，甚至渗透性差而无法浸出。因此高含碱性脉石的复杂氧化铜矿不宜直接采用酸浸处理。

碱法浸出工艺具有选择性强、浸出液杂质含量低、制取化学选矿产品和试剂再生工艺简单、地下水污染小等优点，受到人们的青睐。但不同氨浸工艺中也存在不同的技术问题，如蒸馏塔结疤，设备磨蚀严重，系统复杂，效率低，有价成分跑、冒、挥发较大，能耗与试剂消耗大等许多设备和工艺上的问题，对于低品位氧化铜矿、结合氧化铜矿等处理效果不够经济合理。

细菌浸出的研究与应用主要集中在酸性环境条件下，对于碱性条件下细菌强化浸出的研究不多。在酸性体系下采用细菌浸出时，为了保持浸矿微生物（如 *Thiobacillus ferrooxidans*、*Thiobacillus thiooxidans*、*Leptospirillums ferrooxidans* 等）的正常生长繁殖和良好氧化活性，需要预先采用酸剂对矿石进行淋洗，但由于碱性钙镁脉石矿物的存在，结果导致酸耗大大增加，经济上不合理。目前，酸性浸矿细菌多属于自养型细菌，通过氧化硫化矿、铁离子、元素硫等来获得能量，同时实现目标金属离子的浸出，而以氧化物为主的铜矿中缺乏细菌生长代谢所需的能量物质。综上可知，目前已知的酸性浸矿菌种难以应用于处理复杂氧化铜矿石。

因此，本书以碱性体系下细菌浸出高碱性复杂氧化铜矿为主要研究内容，通过选育碱性浸矿菌种，对该菌种进行驯化和诱变以提高细菌的浸矿能力，研究碱性体系下细菌浸矿的影响因素及影响水平，探究碱性细菌浸出铜矿的行为作用，揭示细菌浸出过程的固液作用机理与反应动力学，形成碱性体系下细菌浸矿技术原型，推动碱性细菌浸矿技术进步，促进复杂难处理氧化铜矿物的高效回收和利用，拓展溶浸采矿技术的应用范围，丰富溶浸采矿的理论框架。

1.2 文献综述

1.2.1 氧化铜资源处理利用现状

1.2.1.1 氧化铜资源现状

世界上的铜矿资源广泛分布于全球150多个国家，但铜储量分布相对集中于智利、秘鲁、澳大利亚，三国合计储量占世界总和的一半。我国铜资源储量只占世界储量的4.8%[1]，且我国铜矿资源中小型矿床多，大型、特大型矿床少，铜矿多含伴生金属、元素，组成复杂，贫矿多、富矿少，与世界相比，我国的铜矿资源无论在矿床规模、矿石品位还是处理难易方面都处于劣势。

铜矿石的工业类型有不同的分类方法[11]，按矿石中氧化铜矿物的相对含量可分为氧化铜矿石（氧化率>30%）、混合硫化-氧化铜矿石（氧化率10%~30%）、硫化铜矿石（氧化率<10%）。

就世界铜资源而言，全部铜矿床中氧化铜矿和混合铜矿约占10%~15%，约占铜总储量的25%，每年由氧化铜矿中产出的铜金属约占铜金属总产量的30%。在我国的铜矿资源中，根据对几个主要产铜省份的不完全统计，氧化铜矿中的铜占总储量的5%~20%，个别省份高达40%左右[12]。在这些氧化铜矿中，具有工业意义的氧化铜矿物以孔雀石居多，有相当大的部分是难处理的氧化铜矿，主要分布在云南、湖北、广东、新疆、内蒙古、四川和黑龙江等省区。由于易开发利用的硫化铜矿资源越来越贫乏，对氧化铜矿的高效回收利用就显得非常重要。

1.2.1.2 氧化铜矿物资源特点

氧化铜矿是硫化铜矿床露出地表后，长期受富含氧和二氧化碳的地下水以及生物有机质的强烈作用形成的。因此，铜矿中含有不同数量和不同程度的氧化铜矿及氧化铜矿和硫化铜矿的混合矿，由于其成矿条件复杂，因而使其矿石性质具有如下特点[13]：

（1）一是大多数氧化铜矿石都含有多种有用元素，最常见的是金、银、镍、钴、铂、钯、铁、硫和一些稀散元素等，仅含有一种氧化铜的矿石是很少见的。

（2）氧化铜矿石的矿物组成复杂。因硫化物在含有游离氧的溶液中不稳定，会变成某种和某几种氧化合物，所以氧化铜矿石的矿物组成复杂。常见的氧化铜矿物有孔雀石、硅孔雀石、蓝铜矿、赤铜矿、黑铜矿、土状黑铜矿、胆矾、水胆矾等。此外，许多情况下还会伴有原生和次生的硫化铜矿物。

（3）氧化铜矿的矿石结构、构造也存在很大差异。构造一般多为孔状和蜂窝状，若氧化作用沿裂隙进行，则发育为细脉状或网状构造，氧化强烈时可呈粉末状。常见的矿石结构有薄膜状、胶状、浸染状、色染体、微细粒分散状、细网脉状、包裹状、放射状等。

（4）氧化铜的矿石矿物结晶粒度较硫化铜矿细，而且多与脉石矿物夹杂和包裹，形成了所谓的“结合氧化铜”。结合氧化铜矿物通常与矿石中的钙、镁、铝、硅、铁、锰等元素的氧化物相结合，形成难以单体解离的集合体，其可选性极差，但其含量往往与氧化铜在铜矿物中铜的含量成正比[14~16]。

（5）氧化铜矿一般都伴有大量围岩及脉石腐蚀形成的原生矿泥和在磨矿过程中产生的次生矿泥，原生矿泥和次生矿泥均对氧化铜矿选矿产生不良的影响[17]。

总之，氧化铜矿性质复杂，可选性与硫化铜矿有很大差别，难于分选，无论是矿物组成或矿石结构、构造的特点都给分选增加了难度，较易处理的有孔雀石、蓝铜矿等；难处理矿石如硅孔雀石、水胆矾、赤铜矿等。利用矿石的不同性质，在物理方法回收效果较差时，可以采用化学选矿法回收铜。

1.2.1.3 氧化铜处理技术现状

处理氧化铜矿的方法主要为浮选法和浸出法。

A 浮选法

浮选法是处理氧化铜应用较广泛的一种方法，根据所加的药剂不同可分为直接浮选法和硫化浮选法[18~23]。

直接浮选就是在矿物不经过预先硫化的情况下，用脂肪酸及其皂类、高级黄药和其他捕收剂直接进行浮选的方法。适用于矿物组成简单，不含钙、镁碳酸盐，性质不复杂的氧化铜矿石，对于性质复杂的氧化铜矿石不能采用这种方法。

硫化浮选法是用溶性硫化物将氧化铜矿物预选硫化，然后按浮选硫化铜矿物的方法浮选氧化铜矿物的方法。其实质是将磨细的氧化铜矿浆加硫化剂进行硫化，然后添加乙基黄药、高级黄药、黑药及脂肪酸等捕收剂浮选。此法是浮选氧化铜最广泛采用的方法，对以孔雀石、赤铜矿为主的氧化铜矿石，可以获得较好的浮选指标。

B 浸出法

浸出法处理是指将固相的氧化铜转为液相的铜离子，再从浸出液中提取铜，该法主要是处理难处理氧化铜矿和低品位矿石，视浸出剂不同，又可分为酸浸法、碱浸法和生物浸出法等[24~28]。

酸性浸出以其工艺过程简单、投资少、生产成本低并且可以处理低品位矿石等优点，常用于从低品位、表外矿、残矿中提取铜，已经成为重要的铜生产工艺之一。该法通过堆浸、搅拌浸出、原地破碎浸出等工艺将铜离子浸出，再利用萃取-电解工艺[29,30]将铜离子回收制成阴极铜。

据报道，智利埃尔阿布拉铜矿[31]采用溶剂萃取-电解沉积法进行氧化铜矿的回收，因其矿石中无任何耗酸成分，酸耗较小，为19kg/t（生产中采用93%的硫酸），采用室外大型堆浸工艺，在45天内铜的回收率可达78%。在我国，湖南水口山含泥高碱性低品位氧化铜矿的搅拌酸浸实验表明[32]，在酸浓度4%，浸出时间36h，浸出温度30℃，颗粒直径-40目，液固比为6：1条件下浸出率60%左右，加温可使浸出率提高至80%左右；白银铜矿[33]进行了氧化矿酸浸实验，并建立了地表200t/a堆浸厂；永平铜矿[34]进行氧化铜矿浸出试验，于1997年建立了200t/a堆浸厂；针对品位低、含泥高、难选的铜绿山氧化铜矿进行了制粒酸化堆浸的试验研究[35]，研究表明，铜的浸出率达69.51%，工艺可行，制粒后酸浸可比常规酸浸缩短2/3的浸矿时间。可见酸浸工艺在铜矿石回收工业生产中有较好的运用效果。但是从云南羊拉铜矿的酸浸研究中发现[36,37]，在脉石矿物含量较多的情况下，酸法浸出对浸出液的消耗量非常的大，并且酸可以与矿石中的多重成分反应，选择性不强，酸与脉石矿物反应生会生成一部分微溶物，阻碍矿物的反应，堵塞循环系统。另外，酸浸腐蚀性较强，对设备要求高，地下水治理难度相对较大，因此，在实际生产过程中，使用酸性浸出技术不仅要考虑矿石的物理化学性质，而且要考虑实际的生产成本、环境成本等问题。

碱法工艺具有选择性强、浸出液杂质含量低等优点，受到人们的青睐[38]。碱性浸出以氨浸法为主，主要是利用铜与氨形成络合物的反应，使铜由矿石进入溶液，从而实现其与脉石的分离[39,40]。在常压下，氨水与孔雀石和硅孔雀石发生反应，当溶液中有一定的氧压时，硫化铜也会与氨反应，生产络合物。

在云南个旧某铜矿[41]试验氨浸处理低品位难选氧化铜矿，铜的浸出率最高可达87.59%；在汤丹铜矿高碱性、低品位氧化铜尾矿浸出的研究中[42]，液固比10∶1，40℃，搅拌转速900r/min，加入0.25mL/g H_2O_2，将硫化铜氧化2h；然后添加 $NH_3 \cdot H_2O$（0.8mol/L）及 $(NH_4)_2CO_3$（1.6mol/L），继续反应4h，尾矿中铜的浸出率达到了72.3%。汤丹铜矿的工业生产中已采用氨浸法处理铜精矿，在500~600℃下焙烧，然后在管式釜中于80~100℃下氨浸，可生产纯度达99.999%的阴极铜。

氨浸法主要包括常温常压氨浸法、常压活化氨浸法、高温高压氨浸法。

常压氨浸法是浸出氧化铜和金属铜的有效方法，其选择性好、浸出速度高，制取化学选矿产品和试剂再生工艺简单，但铜氨溶液蒸氨时蒸馏塔容易结疤，影响正常生产[43]。常压氨浸—萃取—电积工艺避免了铜氨溶液蒸馏后氧化铜结垢的问题，但该工艺仍然没有解决氨浸不完全、浸出率偏低的问题。因此，对结合率高的难处理氧化铜原矿的处理很难获得良好的技术指标，没有实现大规模的工业生产[44,45]。

常压活化氨浸法是采用活化剂 NH_3-NH_4F 或 NH_3-NH_4HF（或NaF、KF等氟化物盐类，简称ATB）体系浸出[46]，对含碱性脉石的氧化铜矿进行氨浸。此工艺具有流程短、能耗低、投资省、操作简便，易于实现工业化生产等特点，但是氟离子的强腐蚀性和对后续萃取过程的不利影响，成为该工艺实现产业化的重大障碍[47]。

高压氨浸虽可获得较好的技术指标，但浸出过程中设备磨蚀严重，氧化铜结疤，固液分离难，洗涤系统庞大复杂，效率低，有价成分跑、冒、挥发较大，能耗与试剂消耗大，处理低品位矿石经济不合理，难于实现工业化[48]。

在自然界中，有许多金属硫化物被细菌氧化溶解产生溶于水的硫酸盐。细菌浸出法就是利用这一现象，其实质是在有细菌参与的情况下，利用自养细菌的生物化学作用[49,50]，在酸性条件下，将黄铁矿或其他硫化矿的铁和硫溶解，将低价铁氧化成三价铁，生成硫酸铁，使浸出液再生，从而强化浸出过程。目前已经发现了多种浸矿细菌[51]，其中主要的浸矿细菌有氧化铁硫杆菌、氧化铁杆菌、氧化硫铁杆菌、氧化硫杆菌、聚生硫杆菌等，最常用的是氧化铁硫杆菌，浸出矿物多为硫化铜矿，浸出环境为酸性，氧化铜矿物在酸性环境下同时被浸出。但此工艺处理含碱性脉石的氧化铜物时耗酸量大、结垢阻塞渗流、浸出效果差，且矿石含硫矿物较少、无法为细菌提供充足的能量物质，限制了细菌在酸性条件下浸出处理高含碱性脉石的氧化铜矿。

综上，对于氧化率高、含泥量大、结合铜含量高、细粒不均匀嵌布、氧硫混杂、粗细混合、多种矿物共存的氧化铜矿石，使用传统的选矿手段处理的效果较差。对于浸出法处理难处理氧化铜矿，酸法浸出应用范围较广，当矿石中的碱性脉石含量较高时，采用酸法浸出会存在酸耗量过大，容易产生化学堵塞，导致酸法浸出经济效益差，甚至渗透性差而无法浸出；另外，酸法浸出对地下水系的污染较大，受到环保政策制约影响。碱法工艺具有选择性强、浸出液杂质含量低、取化学选矿产品和试剂再生工艺简单、地下水污染小的优点，受到人们的青睐；但不同氨浸工艺中也存在不同的技术问题，如蒸馏塔结疤，设备磨蚀严重，系统复杂，效率低，有价成分跑、冒、挥发较大，能耗与试剂消耗大等许多设备和工艺上的问题，对于低品位氧化铜矿、结合氧化铜矿等处理效果差，对矿石的侵蚀性不如酸法试剂，与矿物的反应能力比较弱，浸出速度慢。现有选矿和浸出工艺均无法实现工艺简单、经济高效地处理复杂氧化铜矿石。

1.2.2 微生物浸铜技术发展现状

1.2.2.1 微生物浸铜技术应用

微生物浸铜技术是利用微生物直接或间接作用溶解矿物，使矿物晶格破坏释放铜离子的过程。由于微生物具有种类多、数量大、繁殖快、代谢产物积累迅速等优势，故此技术特别适合处理一些难采、难选的贫矿、废矿、表外矿，具有成本能耗低、操作简单、环保污染小等优点[52,53]。

从世界上第一座铜的细菌堆浸工厂于 1950 年在美国的 Kennecott 铜业公司建成投产，到 20 世纪 80 年代，世界上共有 14 座铜的微生物氧化提取厂投入生产[54]。在美国，至少有 20 座低品位和难采选铜矿采用细菌浸出提铜，矿石的处理量从数百万吨到数亿吨[55]。随着铜矿资源需求量不断增长和科学研究方法不断进步，国外学者关于细菌浸铜的研究与报导也屡见不鲜。如今，世界各国通过运用细菌浸出的方法回收铜金属已经达到了前所未有的规模，国外部分典型的细菌浸铜的工业应用情况见表 1-1[56]。

表 1-1 国外典型细菌浸铜矿山

矿山	国家	处理方式	储量/t	铜品位/%	矿石处理量/t·d^{-1}	铜产量/t·a^{-1}
Ceno Colorado	智利	生物堆浸	80×10^6	1.4	辉铜矿/铜蓝 16×10^3	100×10^3
Quebrada Blanca	智利	矿石/废石堆浸	85×10^6；45×10^6	1.4；0.5	辉铜矿 17.3×10^3	75×10^3
Andacollo	智利	生物堆浸	32×10^6	0.58	辉铜矿 15×10^3	21×10^3
Dos Amigos	智利	生物堆浸	—	2.5	辉铜矿 3×10^3	—
Zaldivar	智利	矿石/废石堆浸	120×10^6；115×10^6	1.4；0.4	辉铜矿 20×10^3	150×10^3
Lomas Bayas	智利	生物堆浸	41×10^6	0.4	氧化矿/硫化矿 36×10^3	60×10^3
Cerro Verde	秘鲁	生物堆浸	—	0.7	氧化矿/硫化矿 32×10^3	54.2×10^3
Escondida	智利	生物堆浸	1.5×10^9	0.3~0.7	氧化矿，硫化矿	200×10^3
Lince Ⅱ	智利	生物堆浸	—	1.8	氧化矿，硫化矿	27×10^3
Toquepala	秘鲁	生物堆浸	—	—	氧化矿/硫化矿	40×10^3
Morenci	美国	生物堆浸	3.45×10^9	0.28	辉铜矿，黄铁矿	380×10^3
Ginlambone	澳大利亚	生物堆浸	—	2.4	辉铜矿/黄铜矿 2×10^3	14×10^3
Nity Copper	澳大利亚	生物堆浸	—	1.2	氧化矿/辉铜矿 2×10^3	5×10^3
Whim Creek and Mons Cupri	澳大利亚	生物堆浸	900×10^3；6×10^6	1.1；0.8	氧化矿/硫化矿	17×10^3
Mt Leyshon	澳大利亚	生物堆浸	—	0.15	辉铜矿 1.3×10^3	750
S&K Copper. Monywa	缅甸	生物堆浸	126×10^6	0.5	辉铜矿 18×10^3	5×10^3
Phoenix deposit	塞浦路斯	生物堆浸	9.1×10^6；5.9×10^6	0.78；0.31	氧化矿/硫化矿	8×10^3

我国的细菌浸铜研究与应用起步较晚。1979 年开始研究利用含菌酸性矿坑水从低品位铜矿中浸出提取金属铜的细菌堆浸。江西德兴铜矿已建成的采用细菌浸出技术的年产 2000t 阴极铜的 L-SX-EW 试验工厂，处理的矿石为原生硫化铜矿表外矿或废石[57,58]；2000 年，中条山铜矿峪矿建成年产 500t 电解铜的地下溶浸提铜示范系统[59]；2003 年，云南官房铜矿建成处理含铜 0.9%的原生硫化铜和次

生硫化铜的生物堆浸厂；2001 年，紫金山铜矿生物提铜项目被列为国家“十五”科技攻关项目，并于 2002 年建成 1000t/a 电铜的生物冶金提铜试验厂，2005 年建成 10000t/a 阴极铜的生物冶金提铜工厂[60,61]，是国内低品位、难选冶铜矿实现开发利用的一个里程碑。

1.2.2.2　细菌浸铜工艺流程

铜矿石的浸出工艺一般用来处理大量的含铜矿石、贫矿和小而分散的矿山的铜矿石，细菌浸铜的主要方式有堆浸、就地浸出、槽浸和搅拌浸出[62]。

（1）堆浸。堆浸分为废石堆浸和筑堆浸出。废石堆浸主要用于处理低品位的铜矿石。矿石以原始的粒度堆放，大小迥异，粒度范围很大，从几微米到几米，矿石的粒度对浸出效果有很大的影响，大块的矿石由于不能很好地与细菌和浸出液接触，矿物溶解慢；小块的矿石由于和黏土等混合在一起，使堆内的渗透性减小，阻碍空气和浸出液的流动及矿物的溶解，所以堆浸周期很长。

（2）就地浸出。就地浸出又称为原位置浸出或地下浸出法，可用于处理矿山的残留矿石或未开采的氧化铜矿和贫铜矿。就地浸出是通过地面钻孔至金属矿体，然后将浸矿菌液由地面注入到矿体中，有选择地浸出溶解有价金属，并将浸出液通过抽液孔用泵抽到地面并加以回收。

（3）槽浸和搅拌浸出。槽浸是一种渗滤浸出，通常在槽中或渗滤池中进行。搅拌浸出分为机械搅拌浸出和空气搅拌浸出。这两种浸出方式主要用来处理高品位的矿石或者精矿。浸出过程的许多操作条件对浸出有很大的影响，在实际过程中调整好工艺参数相当重要。

铜矿细菌浸出通常所用的技术流程是细菌浸出—萃取—电积。近 20 年来，该流程在美国、智利等国发展迅速，采用该技术生产的电铜比例逐年上升，这项技术不仅延长了矿山的服务年限，同时扩大了生产、降低了成本[29]。

1.2.2.3　主要的浸矿微生物

浸矿细菌种类很多，目前已分离出二十几种自养或兼性自养菌以及一些共生异养菌。所分离出的最重要的菌种有氧化亚铁硫杆菌、氧化硫硫杆菌、排硫杆菌（*Thiobacillus operus*）、氧化亚铁铁杆菌（*Ferrobacillus ferrooxidans*）和氧化亚铁微螺杆菌（*Leptospirillum ferrooxidans*）[63~65]。另外在一些极端生态中分离到一些嗜酸嗜温浸矿菌种（*Acidophilic thermophiles*）[66~68]。按其生长的最佳温度分为中温菌（mesophile）、中等嗜热菌（moderate thermophile）和高温菌（thermophile）三类，见表 1-2[69~79]。

目前，浸铜微生物的研究主要聚焦在自养型细菌上，细菌适宜的生长环境为酸性，其生长通过氧化矿物中的硫或二价铁离子获得能量，其浸出对象主要为硫化铜矿物。昆明冶金研究院的邹平[80]等从云南某温泉区采集的水样中分离出无机化能自养型嗜热嗜酸菌，将其用于以黄铜矿为主的低品位硫化铜矿的生物浸出，黄铜矿的浸出率可达 97.05%。李宏煦[81]等使用高温菌 *Sulfolobus* 在 75℃下进行了黄铜矿摇瓶浸出研究，结果表明 *Sulfolobus* 在黄铜矿精矿上的浸矿性能良好，当矿浆浓度<10%，浸出 150h，Cu 浸出率可达 90%以上。

表 1-2 主要的铜矿浸矿细菌

分类	细菌名称	生长 pH 值，温度	细菌形态	营养代谢类型	主要氧化产物
中温细菌（Mesophile）	*Thiobacillus Ferrooxidans*	2.0~2.5，25℃左右	短杆状	专性自养	SO_4^{2-}，Fe^{3+}
	Thiobacillus thiooxidans	2.0~3.5，28~30℃	短杆状	专性自养	SO_4^{2-}
	ferrobacillus ferrooxidans	2.0~4.5，25℃左右	杆状	自养	Fe^{3+}
	Leptospirillum ferrooxidans	1.5~3.0，28~30℃	杆状、螺旋状	化能自养	Fe^{3+}
中等嗜热菌（Moderate thermophile）	*Sulfobacillus thermosulfidooxidas*	1.9~2.4，50℃左右	杆状	兼性自养	Fe^{3+}，SO_4^{2-}
	Sulfobacillus acidophilus	2，45~50℃	杆状、棒状	兼性自养	SO_4^{2-}
	Acidimirobium ferrooxidans	2，45~50℃	杆状	兼性自养	Fe^{3+}
高温嗜热菌（Extreme thermophile）	*Sulfolobus acidocaldarius*	2~3，45~70℃	不规则叶片球形	兼性	SO_4^{2-}
	Sulfospherellus thermoacidophilum	2.5，70℃左右	球形，有类似纤毛的结构	专性自养	SO_4^{2-}

1.2.3 碱性微生物浸矿研究进展

1.2.3.1 碱性微生物浸出技术现状

目前，国内外碱性微生物浸出技术仍处于初始研究阶段。一方面是尚未发现高效的碱性菌种，普通的单纯功能菌在工业放大上有技术难题；另一方面，在碱性浸出过程中，生化过程的控制也影响到功能菌的培养和应用。目前工业上碱性微生物浸出的应用多见于废水处理和生物产酶。

Buisman 等[82]用无色硫杆菌（*Thiobacillus*）进行废水脱硫研究，发现硫化物转化为单质硫的最适 pH 值为 8.0~8.5，在 pH 值为 6.5~7.5 或 9.0 时，转化率显著降低，pH 值为 9.5 时反应恶化。

帕特拉等[83]发现，在有多黏芽孢杆菌（*Paenibacillus polymyxa*）细胞和代谢产物存在的条件下，细菌细胞和矿物相互作用以后，通过矿物的絮凝和浮选，能够使黄铁矿和黄铜矿有效地与石英和方解石分离。在 pH 值为 8 的条件下，黄铜矿的沉降率 5min 时为 90%，20min 时提高到 95%。这种矿石处理方法较为环保，但要借助这种工艺从低品位尾矿中回收黄铁矿和黄铜矿可能在经济上不太合理。

Appukuttan 等人[84]利用自然分离出的一株碱性细菌（*Sphingomonas paucimobilis*）脱除高含碳酸盐地下水中的铀（Ⅵ），在 pH 值为 7~9 的环境中，该菌能在 3~6h 内对危害环境的铀（Ⅵ）实现 90%以上的生物沉降。

国内的巴迎迎等人[85]从火山口附近的土样中分离出一株耐热碱性脱硫菌（*Thermophilic alkaline desulphurica*），发现该菌在温度为 35~45℃，pH 值为 8 的环境中具有良好的脱除硫酸盐的能力。

龙腾发等[86]利用从污泥中分离得到的无色杆菌属 C-1 菌株，对碱性含铬废水进行生物处理。研究结果表明，该菌株在工业铬渣碱性渗滤液中最适宜生长温度为 28~34℃，最适 pH 值为 8.5~10.0，可耐受 Cr(Ⅵ) 质量浓度达 4362.0mg/L。对 Cr(Ⅵ) 具有较强的还原能力，含 Cr(Ⅵ)1570.0mg/L 的废水经 C-1 菌处理 16h 后 Cr(Ⅵ) 质量浓度降为 0.6mg/L。

张建斌等人[87]从内蒙古某处土壤中分离得到一株耐高温碱性脱硫菌，该菌能在含硫代硫酸盐、硫酸盐、亚硫酸盐、硫化物的培养基中生长，以 CO_2 为碳源，以铵盐或硝酸盐为氮源，最佳生长的 pH 值为 8.5~8.8，当温度为 45℃，摇床转速为 150r/min 时，其世代时间为 18h。在脱硫试验中，该菌对硫代硫酸钠和硫化钠有较好的去除作用，两种有害成分的减少率分别为 13.21%和 87.36%，该研究对碱性环境下细菌的筛选有较好的指导作用。

1.2.3.2 碱性浸矿菌种分类及特性

碱性浸矿菌种是指能够生长在 pH 值高于 7.5 环境中，且具有一定浸矿能力的微生物。根据生理结构和代谢营养底物的不同，可以将其分为碱性化能自养型和碱性化能异养型两种。

A 碱性自养浸矿微生物

化能自养微生物又称无机营养型微生物，是可不依赖任何有机营养物就可以正常生长繁殖的细菌[88]。这类细菌能氧化某种无机物，并利用产生的化学能还原二氧化碳和生成有机碳化合物。自然界中，化能自养细菌种类不多，并且具有氧化无机物专一性。与嗜酸性的 *At.f* 和 *At.t* 一样，碱性化能自养浸矿细菌能够在碱性环境中利用矿物中的成分进行生长繁殖，并通过生物吸附、氧化或其他作用方式使矿物溶解，最终实现金属离子浸出的微生物。基于以上特征，以硫化矿物为浸出对象，培养能够氧化代谢硫的嗜碱性细菌，即可实现碱性环境中硫化矿物的生物氧化浸出。

目前已发现的具有碱性环境中代谢硫能力的化能自养型细菌主要为碱性硫氧化细菌 *Alkaliphilic sulfur-oxidizing bacteria*（简写为 ASOB），见表 2-3。其中包括 *Thioalkalimicrobium*、*Thioalkalivibrio*、*Thiobacillus versutus*、*Pseudomonas stutzer*、*Ochrobactrum* 以及 *Thioalcalomicrobium aerophilum* 等菌种或菌属[89~92]。该类细菌均为能够氧化代谢硫的硫杆菌，在碱性环境中通过氧化单质硫、硫代硫酸钠以及硫化物等低价态硫的化合物，获得生长繁殖的能量，最终氧化产物为单质硫或硫酸，部分化能自养碱性硫氧化细菌特征见表 1-3。

表 1-3 化能自养碱性硫氧化细菌特征

名称	最佳生长 pH 值	营养代谢类型	利用能源物质	氧化产物
Thioalkalimicrobium	9.5~10.0	化能自养	$S_2O_3^{2-}$、S^0等	SO_4^{2-}
Thioalkalivibrio	10.0~10.2	化能自养	$S_2O_3^{2-}$、硫化物	S^0
Thiobacillus versutus	9.0~10.0	化能自养	$S_2O_3^{2-}$、硫化物	SO_4^{2-}
Pseudomonas stutzeri	7.5~8.0	化能自养	硫化物	SO_4^{2-}
Thioalcalomicrobium aerophilum	7.8~8.2	化能自养	$S_2O_3^{2-}$、硫化物	SO_4^{2-}
Alpha proteobacterrium	8.5~8.8	化能自养	$S_2O_3^{2-}$、硫化物	S^0

Sorokin 等人[93]采用无机盐培养基从碱性湖水中富集分离得到 43 株嗜碱性化能无机自养细菌。实验发现，所有这些细菌都能氧化硫代硫酸盐、硫化物和多硫化合物，且在 pH 值为 9~10 时氧化能力最强，不能氧化亚硫酸盐，少数菌株能缓慢氧化单质硫。在培养基中加入有机物，各株细菌均不能生长。张建斌等[87]从土壤中分离出一株耐高温碱性脱硫菌，该菌能够以 CO_2 为碳源，以铵盐或硝酸盐为氮源，在 pH 值为 7.0~10.0 的环境中将硫代硫酸钠和硫化钠氧化为单质硫，且 pH 值 8.5~8.8 时氧化能力最强。

国内外碱性化能自养硫杆菌的工业应用，仅见于烟气脱硫和废水脱硫，在浸矿方面尚未见报导。原因可能是由于碱性脉石矿物的存在使得浸矿体系中钙镁离子浓度不平衡[94]或某些重金属离子（如 Cu^{2+}、Pb^{2+}、Zn^{2+}等）[95]对细菌具有毒害作用，抑制其生长繁殖。与酸性体系中的 *At. f* 和 *At. t* 不同，即使碱性细菌将体系中的 Fe^{2+}氧化为具有化学氧化作用的 Fe^{3+}，其也会与碱性介质发生反应产生 $Fe(OH)_3$ 胶体，覆盖在矿物表面，阻碍矿物溶解。

B 碱性异养浸矿微生物

化能异养型微生物的能源来自有机物的氧化分解[96]，碳源直接取自于有机碳化合物。与以 *At. f* 和 *At. t* 为代表的化能自养浸矿细菌不同，异养浸矿微生物不能利用金属硫化矿中的无机能源物质，因此该类微生物不适合浸出金属硫化矿物。然而，对于 *At. f* 和 *At. t* 不能浸出的非硫化矿，包括氧化矿、碳酸盐及硅酸盐等矿物，异养微生物却能通过分泌的有机酸和其他代谢产物促进这些矿物的溶解[97,98]。国外有研究表明，非硫化矿物生物浸出细菌主要有硅酸盐细菌、产氨细菌及一些产酸真菌。其浸矿机理主要是通过产生有机酸、氨或大分子蛋白质等代谢产物，与矿物发生酸解、氧化、还原或络合等反应，最终实现矿物的浸出[99]。

S. Willscher 等人[100]从冶炼厂碱性废渣中分离得到 11 株化能异养型微生物，其中包括 9 株细菌、1 株真菌和 1 株酵母菌。对以硅酸盐矿物为主的矿石进行 4 周摇瓶浸矿实验，发现在初始 pH 值为 9.0 的条件下，以上 3 类微生物均具有一定的浸矿能力。尤其是在细菌浸矿实验中，碱性细菌通过分泌草酸等有机酸，浸出锰和镁的浸出率分别达到38%和46%，并且比相同实验条件下直接添加草酸和柠檬酸的化学浸出效果更佳。F. Amiri 等人[101]发现，P. simplicissimum 在 pH 值为9.0、矿浆浓度为4.0%条件下，能够实现硅酸盐矿物中97.6%钼、45.7%镍及14.3%铝的浸出。

1.2.3.3 碱性微生物浸矿机理

酸性体系中硫化矿的生物浸出过程主要可以分为三个方面[102~104]：直接作用、间接作用和复合作用。然而对于碱性环境中金属矿物的生物浸出，不同种类的微生物对不同性质的矿物浸出机理并不相同。

A 碱性化能自养细菌浸出硫化矿

由于化能自养细菌需要通过氧化低价态无机能源物质获得生长繁殖的能量，因此碱性化能生长的硫氧化细菌适合处理硫化矿物。一方面，细菌可以通过吸附在矿物表面进行侵蚀，破坏其晶体结构，使矿物化学键断裂，促进金属矿物的溶解；另一方面，硫氧化细菌可以在某些酶的作用下直接对硫化矿物进行生物氧化[105,106]，如式（1-1）。

$$MS_x + O_2 + H_2O \xrightarrow{\text{细菌}} M^{x+} + S(?) + 2H^+ \tag{1-1}$$

式中，M 为某种单一金属或几种金属的集合，如 Cu、Mg、Zn；S(？) 为某种硫的中间氧化产物，如 $S_2O_3^{2-}$、SO_3^{2-}、$S_4O_6^{2-}$。硫的中间氧化物 S(？) 可以在细菌的参与作用下与空气中的氧气发生进一步的氧化反应[107]：

$$S(?) + O_2 \xrightarrow{\text{细菌参与}} SO_4^{2-} \tag{1-2}$$

$$S(?) + O_2 + OH^- \xrightarrow{\text{细菌参与}} SO_4^{2-} + H_2O \tag{1-3}$$

综上，在碱性体系中硫化矿在细菌的直接作用下总反应式可统一表示为：

$$MS_x + (2x - 0.5)O_2 + H_2O \xrightarrow{\text{细菌参与}} M^{x+} + xSO_4^{2-} + 2H^+ \tag{1-4}$$

即在细菌的催化作用下，硫化矿被氧气化学氧化和细菌生物氧化，硫的最终产物是硫酸根，溶液的 pH 值逐渐下降。

B 碱性异养微生物浸出非硫化矿

异养微生物利用有机碳化合物作为生长繁殖的能源和碳源，通过吸附侵蚀，使矿物表面产生裂缝，与此同时，其分泌的代谢产物会和矿物发生作用，最终实现金属的浸出[108]。研究者们认为异养微生物浸出作用机理主要体现在以下几个方面：酸化作用、配位作用、生物还原作用以及碱化作用。

（1）酸化作用。碱性异养微生物可以通过氧化有机物，分泌酸性代谢产物或消耗碱性底物，使体系 pH 值降低，从而加快矿物的溶解。在此过程中，产生的酸性物质包括柠檬酸、草酸、碳酸、硫酸、蚁酸、葡萄糖酸等。国外研究者[109]采用从污泥中分离得到的碱性异养微生物浸出尾矿中的重金属离子，发现浸出结束后体系的 pH 值由 8.0 下降到 2.3，且随着环境的不断酸化，样品中100%的铬、79%的锰、28%的锌以及35%的铜被浸出。由此证实了异养微生物产生的酸性代谢产物在浸矿过程中扮演着重要的作用。

（2）配位作用。配位作用是通过异养微生物产生复合物和螯合剂来溶解矿石成分[110]。微生物通过多种途径[111~113]产生或排泄有机配体，在溶液中这些有机配机通过形成稳定、可溶的金属有机复合体提高矿石的侵蚀速率，从而加速矿物的溶解。此外，微生物还可产生高分子化合物，如胞外多糖，可与溶液中的离子形成复合物增加矿物的溶解[114]。

（3）碱化作用。有研究证实[115]，在有尿素的培养基中，尿素八叠球菌可以产生氨，使培养基 pH 值上升，在碱化作用下，硅酸盐矿物中的 Si—O 键被断开，矿物被溶解。

（4）生物还原。一些异养微生物能够通过还原作用溶解矿物，Ghiorse[116]认为微生物产生的草酸可以将褐铁矿、针铁矿、赤铁矿中的 Fe^{3+} 还原为 Fe^{2+}，从而加快矿物的溶解。P. Rusin[117]也报导了利用异养菌产生的代谢产物还原浸出金属氧化矿，实现了银 86%、钼 93%、铜 99%、锰 99.8%以及锌 91%的回收。

1.2.3.4 碱性菌浸铜研究进展

T. D. Chi 等人[118]利用 Chromobacterium violaceum 在 pH 值分别为 11.0 和 10.0、矿浆浓度为 15g/L 的条件下对废旧电子产品中的金属进行浸取回收，该菌以葡萄糖为碳源、氨水为氮源代谢产生氢氰酸，在碱性环境中与金和铜生成络合物，促进金属的浸出，8 天后金和铜的浸出率分别达到 10.8%和 11.4%，添加 0.004%双氧水能够使铜的浸出率提高到 24.6%。

瑞士的 V. Groudeva 等人[119]也进行了尿素分解细菌浸出碳酸盐型铜矿的实验。铜矿样品中铜含量 1.4%、硫含量 1.94%、铁含量 3.25%、碳酸盐含量 20.3%，溶液 pH 值为 8.6，铜矿主要以不同形式的硫化矿（斑铜矿、铜蓝、黄铁矿等）存在，在 32℃条件下采用细菌进行摇瓶浸矿实验，30 天内铜浸出率最高可达到64.4%。

国内的黄国胜等人曾报导过产氨细菌对B30铜镍合金的腐蚀行为[120]，B30合金在有菌溶液中浸泡30天后合金表面被明显侵蚀，产氨菌的新陈代谢作用与其产生的氨气共同作用导致了合金的腐蚀。王洪江等人[121]使用一株可分解尿素产生氨的碱性细菌对氧化铜矿进行了摇瓶浸出实验，在温度30℃、pH = 8 ~ 9.5、摇床转速150r/min、12%矿浆浓度的条件下144h铜浸出率达47.02%，而相同条件下氨水最大浸出率只有30.89%。

1.2.4　综述小结

对于氧化率高、含泥量大、结合铜含量高、细粒不均匀嵌布、氧硫混杂、粗细混合、多种矿物共存的氧化铜矿石，使用传统的选矿手段处理的效果较差。采用浸出法处理难处理氧化铜矿时，酸法浸出应用范围较广，但当矿石中的碱性脉石含量较高时，采用酸法浸出会存在酸耗量过大，容易产生化学堵塞，导致酸法浸出经济效益差，甚至渗透性差而无法浸出的问题；另外，酸法浸出对地下水系的污染较大，受到环保政策制约影响。碱法工艺具有选择性强、浸出液杂质含量低、取化学选矿产品和试剂再生工艺简单、地下水污染小的优点，因此受到人们的青睐。但不同氨浸工艺中也存在不同的技术问题，如蒸馏塔结疤，设备磨蚀严重，系统复杂，效率低，有价成分跑、冒、挥发较大，能耗与试剂消耗大等许多设备和工艺上的问题，对于低品位氧化铜矿、结合氧化铜矿等处理效果差，对矿石的侵蚀性不如酸法试剂，与矿物的反应能力比较弱，浸出速度慢。现有选矿和浸出工艺均无法实现工艺简单、经济高效地处理复杂氧化铜矿石。

微生物浸铜工艺特别适合处理低品位、难处理矿石，其具有成本能耗低、操作简单、环保污染小等优点。目前成熟的细菌浸铜技术主要为酸性自养菌浸出硫化铜矿石技术，而关于复杂氧化铜矿的细菌强化浸出技术鲜有报道，其原因在于：（1）复杂氧化铜矿的碱性脉石含量较高、酸耗大，浸出过程难以维持酸性细菌生长所需的强酸环境；（2）氧化铜矿物中含硫化矿较少，无法为酸性自养菌提供充足的能量来源。因此，现有的浸矿菌种不适合处理复杂氧化铜矿石，亟需寻找新型浸矿菌种弥补氧化铜矿石细菌强化浸出的空白。

目前关于碱性自养浸矿菌种和异养浸矿菌种的应用均有报道，综合前文分析可知，自养细菌浸出应用多通过代谢硫元素实现浸出；这并不适合复杂氧化铜矿石的浸出；异养细菌浸矿主要通过细菌代谢产物与铜矿发生络合反应以达到浸出目的。值得注意的是，国内外均有研究人员对异养型细菌产氨浸出铜矿物进行研究，此浸出过程化学反应的本质与氨浸工艺的本质相似，通过氨与铜矿物发生络合反应浸出铜离子。因此，采用碱性异养细菌产氨浸出氧化铜矿石是可行的，但目前对于碱性产氨细菌浸出铜矿石的研究不够深入，其浸出反应过程的影响因素及其浸出作用机理尚不明确。

1.3 本书内容及技术路线

1.3.1 本书内容

现有的工艺技术无法经济高效地处理复杂氧化铜矿石，因此研究开发高效处理复杂氧化铜矿资源的技术显得尤为紧迫，对于扩大铜矿资源的利用范围、缓解资源供需矛盾具有重要意义。本书围绕复杂氧化铜矿石碱性产氨浸矿菌种的选育及浸出规律这一核心，主要开展以下几方面工作：

（1）碱性浸矿菌种的分离及生长特性研究。使用尿素培养基从采集的土样中分离筛选出一株可以在碱性条件下生长、产氨的菌种。根据细菌菌落菌体的形态特征、有机物的利用情况、细菌的基因信息对纯化后的菌种进行鉴定，并对细菌的生理生长特性进行研究，掌握培养基碳氮源、溶氧量、培养温度、初始 pH 值、接种量等因素对细菌生长活性的影响。

（2）菌种的驯化及诱变育种。选育适应浸出环境的高效浸矿菌种具有非常重要的意义，矿浆驯化及细菌诱变是目前运用最为广泛的育种手段。以矿浆为驯化介质，对菌种进行驯化，增强其对浸矿环境中各种物质的耐受能力；然后通过紫外诱变和化学诱变两阶段复合诱变获得突变菌株，考察突变菌株的生长代谢能力以及浸矿能力，最终经过合理的筛选步骤获得高效浸矿菌株。

（3）碱性产氨细菌的浸铜效果及优化试验研究。碱性产氨细菌浸铜过程是一个复杂的化学反应过程，其浸出效果受多方面因素影响。以云南某矿的高碱性复杂氧化铜矿为研究对象，使用诱变选育的高效浸矿菌种开展细菌浸矿试验，考察浸出温度、细菌接种量、初始 pH 值、矿浆浓度、矿石粒径、搅拌速度等因素对碱性细菌浸矿效果的影响，通过 Plackett-Burman 试验设计筛选出了细菌浸铜的关键影响因素，利用 Box-Behnken 试验设计考察了各关键影响因素的交互作用对浸出过程的影响，对碱性产氨菌浸铜效果进行优化，实现了铜离子的高效浸出。

（4）碱性产氨细菌浸铜行为试验研究。通过不同的浸矿方式（细菌一步骤浸矿、细菌二步骤浸矿、细菌代谢产物浸矿）开展细菌浸铜试验，考察在有菌与无菌条件下的浸出效果、浸出前后矿物表面形态、颗粒内部孔裂隙发育及矿物物相组成的变化，揭示浸出过程中细菌以及代谢产物的作用，分析浸矿过程中产氨细菌浸矿行为机理。

（5）浸出过程固液作用及反应动力学研究。浸出过程为浸出剂与矿石的固液反应过程。首先，在试验研究的基础上，分析浸出过程中浸出液与细菌在矿石表面的吸附与侵蚀作用机理；其次，在考虑浸出剂浓度变化的条件下，建立异养型细菌浸出过程的反应动力学模型；最后，通过试验获得细菌浸出的动力学参数，结合动力学模型对细菌浸出过程的动力学进行分析，确定浸出反应控制步骤和反应的表观活化能。

（6）提出复杂氧化铜矿产氨细菌浸出新工艺。以堆浸技术为基础，结合某氧化铜矿堆浸工艺实例，针对其应用过程中存在的问题，提出复杂氧化铜矿产氨细菌堆新工艺，设计新工艺浸出的具体实施方案，提出了细菌强化浸出技术措施，形成了复杂氧化铜矿碱性细菌浸出工艺原型。

1.3.2　技术路线

本书的主要技术路线如图 1-1 所示。

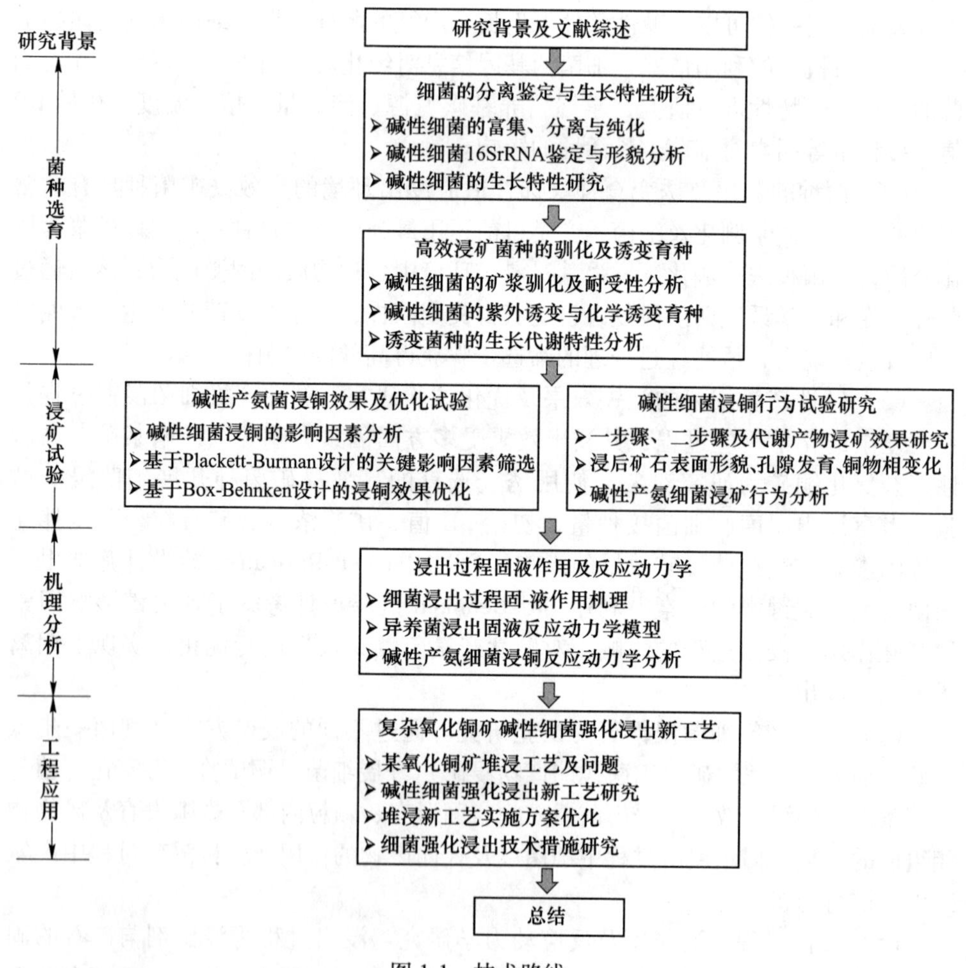

图 1-1　技术路线

2 碱性浸矿菌种分离鉴定与生长特性研究

微生物浸矿首先需要筛选出高效浸矿菌种。目前，国内外关于微生物浸铜的研究主要聚焦于自养型酸性细菌的应用上，如嗜酸氧化亚铁硫杆菌（*Acidithiobacillus ferrooxidans*）、氧化亚铁微螺菌（*Leptosprillums ferrooxidans*）、嗜热铁氧化钩端螺菌（*Leptosprillums thermoferrooxidans*）、嗜热氧化硫硫杆菌（*Sulfobacillus thermosulfidooxidans*）等酸性细菌浸出铜矿，而关于碱性浸矿菌种浸铜的报导较少。在已知的碱性浸矿菌种中，碱性自养型浸矿菌种能够在碱性环境中利用矿物中的成分进行生长繁殖，并通过吸附、氧化等方式作用于矿物使其溶解，常见的碱性浸矿菌种多以氧化单质硫、硫化物等成分获得能量，多用于烟气和废水脱硫，而本文研究的矿物以氧化物为主，缺乏碱性自养型浸矿菌种生长所需的能源物质，所以碱性浸铜菌种的筛选需以碱性异养型菌种为目标。

为了筛选出优良的碱性异养型浸铜菌种，从内蒙古乌山铜钼矿取样，通过尿素培养基的分离纯化获得了可以在碱性条件下生长、产氨的菌种。根据细菌菌落菌体的形态特征、有机物的利用情况、细菌的基因信息对纯化后的菌种进行了鉴定，并对细菌的生长特性进行研究，考察培养基的碳源种类及浓度、氮源浓度、溶氧、培养温度、初始 pH 值、接种量等因素对细菌生长活性的影响。

2.1 材料与方法

2.1.1 样品采集及预处理

本书所述的碱性菌种筛选自内蒙古乌山铜钼矿矿区碱性土壤。土壤样品采集步骤如下：在矿区选取合适的取样地点，清理地表赋存的枯枝树叶，然后挖去地表表土，挖至离地表 5~10cm 深处进行取样，所取土壤样品装入特定容器中密封后运回实验室，在 4℃条件下冷藏保存[122]。样品如图 2-1 所示。

对取回的土壤样品进行预处理，制成土壤悬液、去除固体物质，为筛选分离细菌做准备。操作步骤如下：称取乌山铜钼矿矿区碱性土壤样品 10g，置于已经过高温灭菌的锥形瓶中，量取 90mL 去离子水与土壤样品混合、振荡均匀，制成土壤悬液，停止振荡后静置一段时间，待锥形瓶中的土壤固体物质沉淀后，取其上清液 10mL 作为筛选细菌的原始菌液。

图 2-1　碱性土壤样品

2.1.2　细菌培养基

营养物质是微生物生长繁殖的物质与能量来源。在营养需求上，微生物与其他所有生物有着高度的一致性，需要基本的碳源、氮源、无机盐与水，部分微生物需要特别的能源与生长因子。碳化物为其生命活动提供能源，氮化物是细胞蛋白质的主要成分，无机盐构成了细胞内一般分子成分，同时具有生理调节、酶激活等功能，因此，细菌培养之前，需根据微生物生长所需的各种营养物质，按固定比例配置营养液，即细菌生长的培养基。

本试验前期对细菌富集培养时，使用牛肉膏蛋白胨培养基，在细菌分离纯化过程中，使用牛肉膏蛋白胨琼脂培养基作为固体培养基，配合使用液体尿素培养基，进行细菌分离纯化。另外，在细菌生理特性研究及浸矿研究过程中，使用的培养基为尿素培养基，各培养基成分如下：

（1）牛肉膏蛋白胨培养基：牛肉膏 3g，蛋白胨 10g，NaCl 5g，水 1000mL；

（2）牛肉膏蛋白胨琼脂培养基：牛肉膏 3g，蛋白胨 10g，NaCl 5g，琼脂 15～20g，水 1000mL；

（3）尿素培养基：柠檬酸钠 10g，尿素 20g，Na_2HPO_4 2.1g，KH_2PO_4 1.4g，$MgSO_4 \cdot 7H_2O$ 0.02g，水 1000mL。

上述培养基在使用前均进行高压灭菌，灭菌条件为：温度 120℃，灭菌时间 20min。为避免尿素高温分解，尿素培养基中的尿素单独灭菌，使用 0.2μm 的滤膜过滤除菌。

2.1.3　试剂和仪器

本试验使用到的试剂及用途见表 2-1。

表 2-1 细菌分离培养过程中所用试剂

试剂	分子式	用途
蛋白胨		营养物成分
牛肉膏		营养物成分
琼脂		营养物成分
柠檬酸钠	$Na_3C_6H_5O_7$	营养物成分
葡萄糖	$C_2H_{12}O_6$	碳源成分试验
碳酸钠	Na_2CO_3	碳源成分试验
尿素	$CO(NH_2)_2$	营养物成分
氯化钠	NaCl	营养物成分
磷酸二氢钾	KH_2PO_4	营养物成分
磷酸二氢钠	Na_2HPO_4	营养物成分
七水硫酸镁	$MgSO_4 \cdot 7H_2O$	营养物成分
硫酸	H_2SO_4	pH 值调节
氢氧化钠	NaOH	pH 值调节

试验使用仪器设备见表 2-2。

表 2-2 试验使用的主要仪器设备

设 备	型 号
灭菌锅	YX-280D-Ⅰ
电子天平	T5000
恒温振荡箱	HZ-2111K-B
医用冷藏柜	YC-260L
离子色谱仪	DX-120
扫描电镜	S-360
pH 计	S-360
卡尔蔡司显微镜	AX-10
无菌试验操作台	209E
离心机	TD5A-WS

2.1.4 细菌分离鉴定

(1) 细菌分离纯化。为分离纯化获得一株碱性浸矿菌种，引入平板稀释涂布法，具体实验步骤如下：

1) 取土壤与去离子水混合制成的原始菌液 10mL 接种于含 90mL 的尿素培养

基中，接种后恒温振荡培养，培养条件为：温度30℃、振荡频率150r/min，待尿素培养，即溶液变浑浊，意味着细菌已大量生长，将所获菌液取出进行平板稀释涂布。

2）将培养液按10倍法依次稀释，稀释至10^{-8}。将稀释后的菌液均匀涂于固体培养基上，每个梯度实施3组，置于30℃条件下恒温静置培养，待固体培养基出现菌落后取出。

3）选择长有单菌落的平板，在无菌操作台上挑取细菌菌落，再次接种于尿素培养基中，在30℃、150r/min的条件下进行培养。培养48h后选择培养液pH升高、湿润pH试纸锥形瓶口变蓝色的样品进行再次平板稀释涂布。

4）对以上步骤反复操作3~4次，直至获得的细菌菌落特征及显微镜下形貌一致后，认为分离得到纯的菌种。

（2）细菌形貌观察。细菌形貌特征研究包括细菌菌落特征观察以及细菌菌体特征观察。首先通过平板培养的方式观察细菌菌落特征，然后通过扫描电子显微镜观察细菌菌体形态特征。菌体扫描电镜观察样品准备过程如下：

1）取对数期细菌菌液滴于铝制平板上，待菌液自然干燥、喷碳处理后，进行菌体形态观察。

2）扫描电镜工作参数为：超高压20kV，工作距离7.5mm，放大倍数10000倍。

（3）细菌鉴定。革兰氏染色反应是细菌分类和鉴定的重要性状。对细菌进行鉴定，首先考察分离自碱性土壤的碱性细菌的革兰氏染色性质，操作步骤包括涂片、干燥、固定、初染、媒染、脱色、复染、镜检[123]。

其次，对细菌的遗传信息进行鉴定，对细菌基因序列进行检测分析是对细菌进行快速、准确鉴定分类的有效手段。随着聚合酶链式反应（Polymerase Chain Reaction）技术的出现，16S rRNA基因检测技术已成为细菌分类鉴定的工具并获得广泛应用。本研究中对细菌进行16S rRNA基因检测，实施步骤如下：

1）提取细菌DNA，使用PCR技术放大扩增。扩增引物为：27F（5′-AGAGTTTGATCCTGGCTCAG-3′）和1492R（5′-GGTTACCTTGTTACGACTT-3′）；PCR扩增反应的具体步骤：将反应物混合后用石蜡油覆盖于反应混合液上，在94℃条件下预热5min后，进行94℃高温变性45s，然后在51℃条件下低温退火45s后在72℃条件下延伸退货90s，循环30次后在70℃条件下延伸10min[124]。

2）通过PCR扩增反应获得大量的目标基因，对基因进行测序后，将基因导入美国国立生物技术信息中心（National Center for Biotechnology Information）基因库，对基因序列进行比对，获得与该序列最高同源性的菌种信息。

3）使用MEGA 5（Molecular Evolutionary Genetics Analysis software）软件建立细菌系统发育树，分析细菌所属种属及与其他细菌的同源性信息[125]。

2.1.5 细菌培养特性研究

细菌的生长代谢活性是影响矿物浸出的关键，因此，探明细菌在尿素培养基中的生长特性，获得细菌最佳的生长代谢条件，对获得高效浸矿菌种和下一步浸矿条件的选择具有重要意义。

本试验通过摇瓶培养的方式考察细菌利用能源物质的生理特性，对培养基的碳源种类及浓度、氮源浓度进行试验研究，确定细菌培养基的碳氮源成分含量；考察细菌培养温度、初始 pH 值、接种量以及溶氧量对细菌生长的影响，确定细菌培养的最佳条件。

（1）碳源种类及浓度。试验在相同的氮源浓度、培养温度、初始 pH 值、接种量以及溶氧量条件下，考察尿素培养基中以不同浓度（5g/L、10g/L、15g/L、20g/L、25g/L）的柠檬酸钠、葡萄糖、碳酸钠作为细菌生长的碳源时细菌的生长情况及产氨情况，确定细菌的最适碳源以及碳源的浓度。

（2）氮源浓度。尿素培养基中的尿素为细菌生长的氮源，试验在相同的碳源、培养温度、初始 pH 值、接种量以及溶氧量条件下，考察不同浓度的尿素（5g/L、10g/L、15g/L、20g/L、25g/L、30g/L）对细菌的生长及代谢产氨的影响，获得最佳氮源浓度。

（3）最佳溶氧量。细菌根据对氧气的需求情况可以分为需氧型、厌氧型和兼性厌氧型，振荡培养过程中摇床的振荡速率将直接影响培养液中的氧溶解量。首先通过试验确定细菌对氧气的需求情况，然后在相同的碳氮源浓度、温度、初始 pH 值以及接种量条件下，考察不同振荡速率条件（100r/min、120r/min、150r/min、180r/min、200r/min）下细菌的生长情况及产氨情况，获得细菌生长的振荡速率。

（4）最适温度。温度是影响细菌生长代谢的重要因素，试验在相同的碳氮源浓度、初始 pH 值、接种量以及溶氧量条件下，考察不同温度（21℃、24℃、27℃、30℃、33℃、36℃）条件下细菌的生长情况及代谢产氨情况，获得细菌最佳的生长温度。

（5）最适初始 pH 值。适宜酸碱环境是细菌生长所必需的条件，不同的细菌对 pH 值有不同的适应范围。试验在相同的碳氮源浓度、温度、接种量以及溶氧量条件下，考察不同初始 pH 值条件下（6、7、8、9、10、11）细菌的生长情况及代谢产氨情况，获得细菌生长最佳的初始 pH 值。

（6）最佳接种量。细菌的接种量是一个细菌培养的重要工艺参数。试验在相同的碳氮源浓度、温度、初始 pH 值以及溶氧量条件下，考察不同接种量条件下（5%、10%、15%、20%、30%）细菌的生长情况及代谢产氨情况，获得细菌生长的最佳接种量。

2.1.6　检测分析方法

（1）细菌计数方法。细菌培养过程中，细菌浓度是通过在显微镜下进行细菌直接计数获得的，计数使用血小板计数板，板上包含 2 个计数区，每个计数区存在 25 个方格（包含 400 个小方格），计数时在计数区加盖盖玻片，每个计数区体积为 0.1mm^3，即 1mL。计数过程中选取几个不同的方格进行计数，然后算出单个方格中细菌数的平均值，进而获得整个计数区域内细菌数量，即得到每毫升菌液内的细菌数量。计数时一般记录 5 个中格内细菌总数，设为 A；为方便计数，将高浓度菌液进行稀释后计数，稀释倍数记为 B，则 1mL 细菌溶液内细菌数为：

$$1\text{mL 细菌溶液中细菌数} = (A/5) \times 25 \times 10^4 \times B = 5 \times 10^4 \times A \times B$$

（2）细菌产氨量测试。细菌产氨量通过检测代谢后培养液内积累的氨浓度确定，氨浓度使用 DX-120 离子色谱仪检测，方法如下：首先，使用硫酸溶液滴定，使溶液由碱性变为酸性，溶液中氨被中和转化为铵根离子；然后通过 DX-120 离子色谱仪检测铵根离子浓度，所得铵根离子浓度即为细菌所产氨的浓度。

（3）菌种保藏。为保证分离所得的碱性产氨细菌的优良性状，日常需采用合适的保藏方式对细菌进行保藏。菌种的保藏是人为地为细菌创造环境使其处于低活性、休眠状态，使其长期存活。

本研究过程中，为方便开展细菌生长及浸矿试验，在试验过程中采用低温保藏，保藏温度为 4℃，试验时对菌液进行活化、扩大培养即可迅速获得大量细菌，此方式适合菌种的中短期保藏。若为保留优良菌种，则进行长期菌种保藏，使用甘油悬液与细菌菌液混合后，在-20℃条件下密封冷冻保藏[126]。

2.2　细菌分离纯化

按照 2.1.4 节所述步骤对细菌进行分离纯化，所获细菌能在尿素培养基中生长，当培养后培养液的 pH 升高、湿润 pH 试纸在瓶口变蓝色时，即认为所获细菌为目标菌种，可分解尿素产生氨。观察细菌菌落特征以及显微镜下细菌形态，完全一致后认为细菌的分离纯化工作完成。如图 2-2 所示为细菌纯化后的菌落形态，菌落为乳白色，圆形，直径为 1~2mm，边缘光滑。

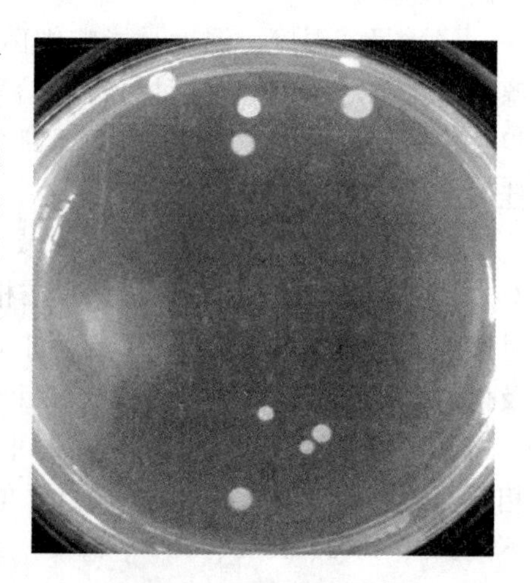

图 2-2　细菌菌落形态

如图 2-3 所示为细菌的电镜扫描图片，细菌表面光滑，呈短杆状，长约 1~3μm，直径约 0.3~0.6μm。

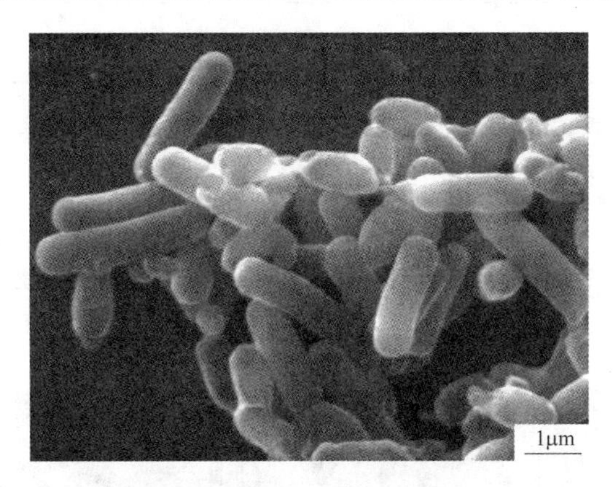

图 2-3　细菌的电镜扫描图片

对细菌进行革兰氏染色，在光学显微镜下进行观察，如图 2-4 所示。革兰氏染色处理后为红色，即细菌为革兰氏阴性，且从图中可以看出，菌体外部形态为直杆状，松散状排列。

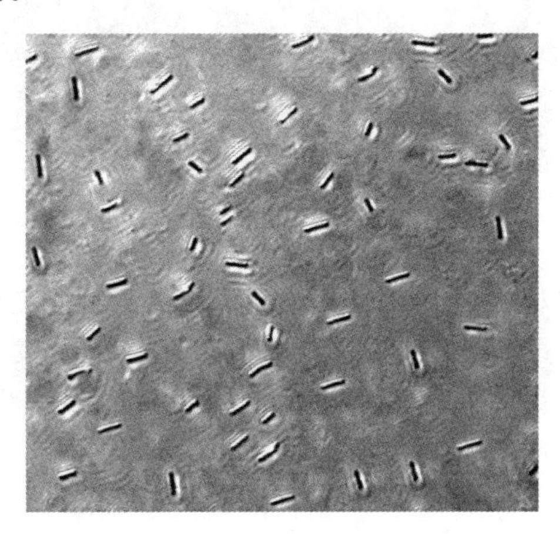

图 2-4　细菌革兰氏染色图

2.2.1　细菌对有机物的利用

为了了解细菌对培养基各有机成分的利用需求，分别设置 4 组不同成分的培养基，见表 2-3。在培养基中加入酚酞指示剂，接入纯化后的细菌进行平板培养，通过菌落的生长以及产氨验证细菌对有机物的利用与需求。

培养基基础成分为 KH_2PO_4、Na_2HPO_4、$MgSO_4 \cdot 7H_2O$ 等无机盐，使用柠檬酸钠作为碳源。细菌生长可通过肉眼直接观察菌落的生成情况，细菌产氨可通过培养基颜色变化分辨，若有氨产生，则培养基边红色，同时散发出刺激性气味。培养结果如图 2-5 所示。

表 2-3　细菌营养选择培养方案

培养基序号	培养基成分
A	基础成分+碳源+尿素
B	基础成分+碳源
C	基础成分+尿素
D	基础成分

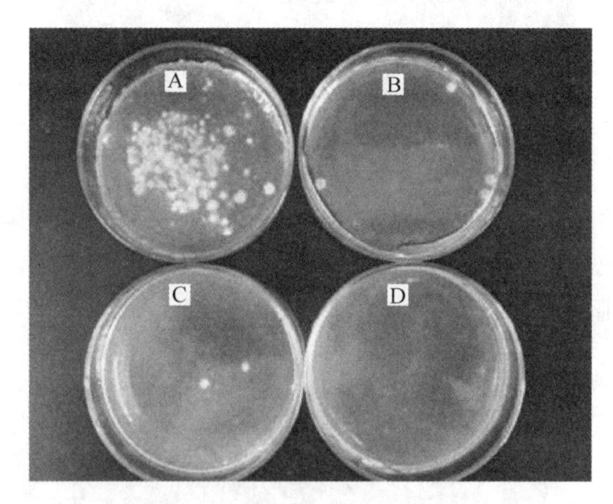

图 2-5　不同培养基上细菌培养情况

培养基 A 固体平板中明显有菌落生成，平板颜色变为红色，且散发出刺激性气味；培养基 B、培养基 C 有极少量的菌落，没有氨气挥发，培养基未变色；培养基 D 既没有菌落生成，培养基也未变色。试验结果说明，纯化所得细菌为异养型细菌，需要外界为其提供碳源以供其生长，同时以尿素作为生长的氮源来源，并将尿素分解产生氨。

2.2.2　细菌的鉴定分析

细菌的鉴定工作委托中国科学院微生物研究所开展。对细菌基因序列进行测序，获得的基因序列含有 1038 个核苷酸，如图 2-6 所示。

将细菌的基因序列导入到美国国立生物技术信息中心（NCBI）数据库中进行 BLAST，可搜索出大量与本试验菌种基因序列相似菌种，结果表明本试验菌种与 *Providencia* 属细菌具有较高的同源性。

基于 BLAST 结果，使用 MEGA 5.0 软件绘制细菌系统发育树，以探究细菌同源性信息，结果如图 2-7 所示。本试验所筛选出的细菌属于 *Providencia* 属，可信度（系统发育树节点值）为 100%。细菌与 *Providencia* sp. NCCP-604 同源性最高，NCBI 数据库 BLAST 结果显示两者同源性为 99%，故可以进一步确定本试验

```
   1 AGGGTAGGCG CCTCCGAAGG TTAAGCTACC TACTTCTTTT GCAACCCACT CCCATGGTGT
  61 GACGGGCGGT GTGTACAAGG CCCGGGAACG TATTCACCGT AGCATTCTGA TCTACGATTA
 121 CTAGCGATTC CGACTTCATG GAGTCGAGTT GCAGACTCCA ATCCGGACTA CGACGTACTT
 181 TATGAGTTCC GCTTGCTCTC GCGAGGTCGC TTCTCTTTGT ATACGCCATT GTAGCACGTG
 241 TGTAGCCCTA CTCGTAAGGG CCATGATGAC TTGACGTCAT CCCCACCTTC CTCCGGTTTA
 301 TCACCGGCAG TCTCCTTTGA GTTCCCGACC GAATCGCTGG CAACAAAGGA TAAGGGTTGC
 361 GCTCGTTGCG GGACTTAACC CAACATTTCA CAACACGAGC TGACGACAGC CATGCAGCAC
 421 CTGTCTCAGA GTTCCCGAAG GCACCAAAGC ATCTCTGCTA AGTTCTCTGG ATGTCAAGAG
 481 TAGGTAAGGT TCTTCGCGTT GCATCGAATT AAACCACATG CTCCACCGCT TGTGCGGGCC
 541 CCCGTCAATT CATTTGAGTT TTAACCTTGC GGCCGTACTC CCCAGGCGGT CGATTTAACG
 601 CGTTAGCTCC GAAAGCCACT CCTCAAGGGA ACAACCTTTC AAATCGACAT CGTTTACAGC
 661 GTGGACTACC AGGGTATCTA ATCCTGTTTG CTCCCCACGC TTTCGCACCT GAGCGTCAGT
 721 CTTTGTCCAG GGGGCCGCCT TCGCCACCTA TGTATACCTC CACATCTCTA CGCAATTCAC
 781 CGCTACACAT GGGAATTCTA CCCCCCCTCT ACAAGACTCT AGCTGACCAG TCTTAGATGC
 841 CATTTCCCAG GTTAAGCCCC GGGGAATTCA CATTCTAACT TAATCCAACC CGCCTGGCGT
 901 GCGTCTTTAC GCCCAAGTAA ATTCTCGATT TAACGCTTTG CACCCCTCCC GTATTTACCG
 961 CGGTCTGCTG GGCACGGAAG TTAGCACGGT GCCTTCTTCC TGTCGGGATG CACGATCAAT
1021 CCGTTGATGA ATACTTAA
```

图 2-6 细菌的基因序列

筛选的细菌属于 *Providencia* 属。综上，将本细菌命名为 *Providencia* sp. JAT-1。

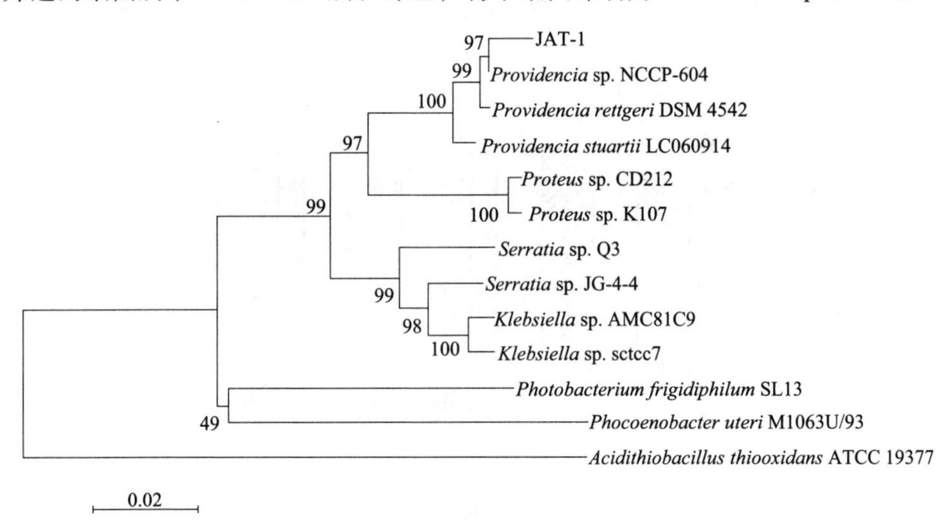

图 2-7 细菌的系统发育树

2.3 细菌生长特性研究

2.3.1 碳源种类及浓度对细菌活性的影响

碳源是细菌正常生长繁殖的物质基础，根据是否为有机物可将碳源种类分为无机碳源和有机碳源，其中无机碳源为无机含碳化合物，如碳酸盐、碳酸氢盐、二氧化碳等；有机碳源有糖类、油脂、有机酸及有机酸酯和小分子醇等。根据微生物所能产生的酶系不同，不同的微生物可利用不同的碳源。

考察细菌对有机碳源和无机碳源的利用。分别将柠檬酸钠、葡萄糖及碳酸钠作为细菌唯一碳源，以不同浓度（5g/L、10g/L、15g/L、20g/L、25g/L）添加至尿素培养基中，接种量 20%、初始 pH = 8，置于 30℃摇床中以 180r/min 恒温振荡培养，监测细菌的生长情况，待细菌生长至对数期时检测溶液中氨浓度，以获得细菌的代谢产氨量。

不同碳源种类、不同浓度条件下细菌的生长情况如图 2-8 所示。当碳源为柠檬酸钠或葡萄糖时，细菌生长良好；当碳源为无机碳源碳酸钠时，细菌浓度基本未发生变化，说明细菌可利用有机碳源作为生长的能量来源，而无法利用无机碳源碳酸钠作为生长的能量来源。在不同碳源浓度下进行培养，结果显示，在各浓度条件下，培养基中细菌生长浓度均超过 4×10^8 个/mL；随着碳源浓度的提高，细菌的浓度有所提升，但当碳源浓度大于 10g/L 时培养基内细菌的浓度差别不大，考虑到细菌培养成本与效果，可以认为，碳源浓度为 10g/L 时可在最低培养成本条件下获取最佳的细菌培养效果；以柠檬酸钠为碳源时，细菌的生长浓度高于以葡萄糖为碳源时的细菌浓度，故选择柠檬酸钠作为细菌培养基的碳源。

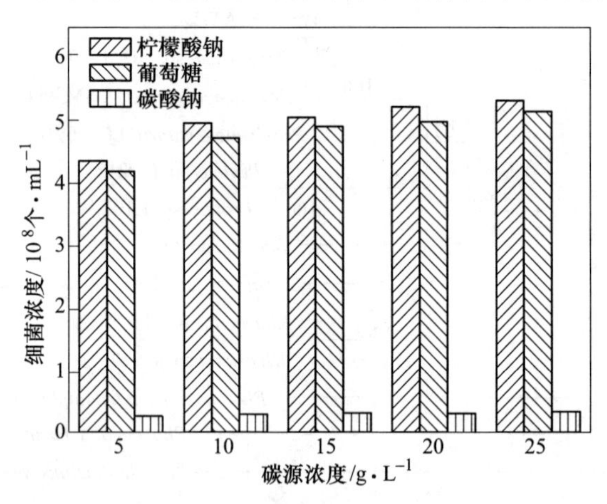

图 2-8　不同碳源种类及浓度条件下细菌生长情况

考察不同柠檬酸钠浓度条件下，细菌的代谢产氨能力，结果如图 2-9 所示。细菌的产氨量与细菌的生长浓度呈正相关，细菌浓度越高，其产氨量越大，在 10g/L 的柠檬酸钠条件下细菌的产氨量显著高于 5g/L 时；当其浓度超过 10g/L 时细菌的产氨量变化不大，此时细菌生长的浓度也变化不大，故选择柠檬酸钠浓度 10g/L 作为最佳的细菌碳源浓度。

综上分析可知，在 10g/L 柠檬酸钠条件下培养时，细菌的生长以及代谢产氨

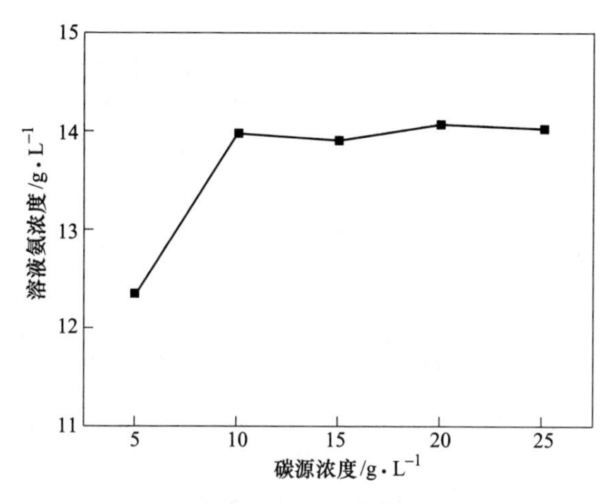

图 2-9 不同碳源浓度下细菌代谢产氨情况

情况最佳，培养成本最低，故确定以柠檬酸钠作为细菌的碳源，最佳碳源浓度为10g/L。

2.3.2 尿素浓度对细菌活性的影响

尿素作为细菌培养基中的重要基质，在细菌生长过程中是微生物代谢的物质基础，它与细菌的生长繁殖有关。同时，细菌在培养过程中能够将尿素代谢分解产生氨，反应式如式（2-1）所示。代谢产物氨溶于水后导致溶液 pH 值升高，最终影响细菌的生长及代谢活性。因此，尿素的浓度与生长代谢有着密切的关系。

$$(NH_2)_2CO + H_2O \xrightarrow{\text{细菌}} 2NH_3 + CO_2 \tag{2-1}$$

在柠檬酸钠 10g/L、接种量 20%、初始 pH=8 的条件下，分别在培养基中添加不同浓度的尿素，置于 30℃ 摇床中以 180r/min 恒温振荡培养，考察不同尿素浓度对细菌生长及代谢的影响。

图 2-10 所示为不同尿素浓度条件下细菌的生长情况，细菌浓度随尿素浓度的升高呈先上升后下降趋势，当尿素浓度低于 20g/L 时，细菌生长旺盛，细菌浓度最高可达 4.95×10^8 个/mL；当尿素浓度大于 20g/L 时，细菌浓度随尿素浓度升高而下降，分析其原因可能是高浓度的尿素造成微生物细胞渗透压破坏，一定程度上抑制了细菌的正常生长繁殖。

考察不同尿素浓度条件下细菌产氨情况，结果如图 2-11 所示。随尿素浓度升高，细菌的产氨量也不断升高，高浓度尿素为细菌生长提供充分的基质，浓度越高，细菌分解的量也越大。尿素浓度为 5g/L 时，溶液内氨浓度较低，仅为 4.3g/L，培养基中尿素含量仅可维持细菌生长，无法为其产氨提供充足基质；尿素浓度为

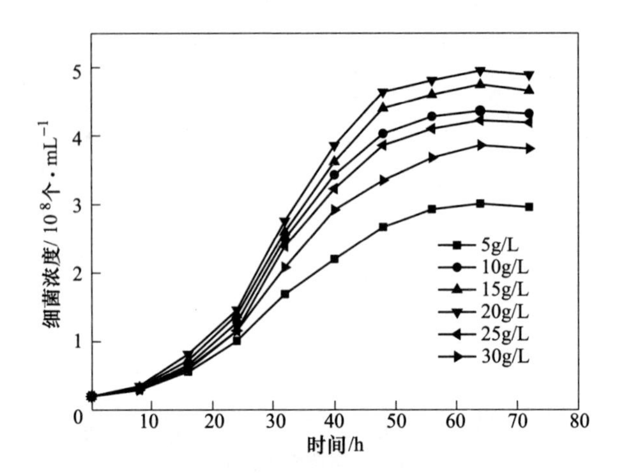

图 2-10　不同尿素浓度条件下细菌生长情况

20g/L 时，溶液中氨浓度最高，达 14.01g/L；当尿素浓度高于 20g/L 时，溶液中氨浓度呈下降趋势，过高的尿素浓度限制了细菌的生长，但由于尿素浓度较高，充足的基质使细菌的产氨量仍高于尿素浓度为 10g/L 时的细菌产氨量。

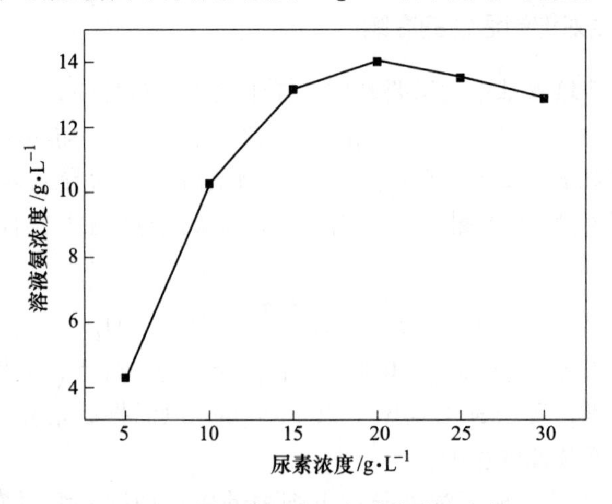

图 2-11　不同尿素浓度下细菌代谢产氨情况

综上分析可知，尿素浓度为 20g/L 时细菌的生长以及代谢产氨情况最佳，故确定细菌培养的最佳尿素浓度为 20g/L。

2.3.3　溶氧量对细菌活性的影响

考察细菌对氧的需求性对于细菌的培育及浸矿过程中氧的供给控制具有重要意义。根据细菌对氧气的需求情况可以将其分为需氧型、厌氧型和兼性厌氧型，如果细菌为专性需氧型，培养基表面会形成一层薄膜，穿刺培养基内部无菌落生成；若细菌为兼性厌氧型，则沿穿刺线在培养基内部也有菌落生长。

配制固体培养基，进行灭菌处理，待培养基冷却至60℃左右，倒入试管。待固体培养基完全冷却并凝固以后，在无菌操作台中用接种针挑取一针菌液，垂直插入培养基至底部，缓慢拔出，将试管用纱布和报纸包口，置于30℃恒温箱中静置培养，观察菌落生长情况，结果如图2-12所示。

在固体培养基中进行穿刺后，培养基表面出现均匀菌落，如图2-12（a）所示，细菌可以在有氧的环境中生长繁殖；图2-12（b）显示，培养基内部也有菌落生成，菌落群主要沿穿刺线生长，从上至下逐渐变稀，说明细菌在氧气浓度高的环境中生长更好，虽然培养基内部无氧条件下细菌也能生长，但是生长状态不如有氧环境。由此可知，细菌培育及浸矿过程中无需营造无氧环境。

(a)

(b)

图2-12 穿刺培养基表面及内部菌落生长情况
（a）培养基表面；（b）培养基内部

实验室以摇床振荡培养方式模拟小型工业搅拌发酵过程，振荡过程能加速培养液中氧的溶解速率，从而为需氧型微生物繁殖代谢提供充足的氧气。摇床转速的高低决定了溶氧量的大小。为探究细菌活性与溶氧量的关系，在温度30℃、初始pH=8、接种量20%的条件下，考察不同转速100r/min、120r/min、150r/min、180r/min、200r/min条件下细菌的生长及代谢产氨情况，结果如图2-13、图2-14所示。

由图2-13可知，细菌浓度随振荡速率的升高而升高，氧气浓度的提升可促进细菌的生长，结果与图2-12所示结果一致。振荡速率提高过程中，细菌生长的浓度明显提升，对数期细菌浓度最高达4.95×10^8个/mL，溶液中氨浓度也随之明显提升，最高达14.33g/L。当振动速率超过180r/min时，对数期细菌浓度及溶液中氨浓度变化不大，说明振荡速率在180r/min以上可以满足细菌培养的氧气需求，故确定细菌培养的最佳振荡速率为180r/min。

2.3.4 培养温度对细菌活性的影响

温度是细菌生长活性的重要影响因素之一，适宜的培养温度可促使细菌快速

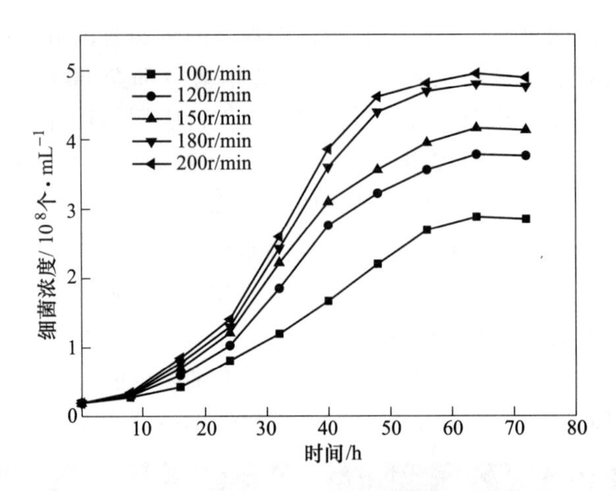

图 2-13 不同振荡速率下细菌生长情况

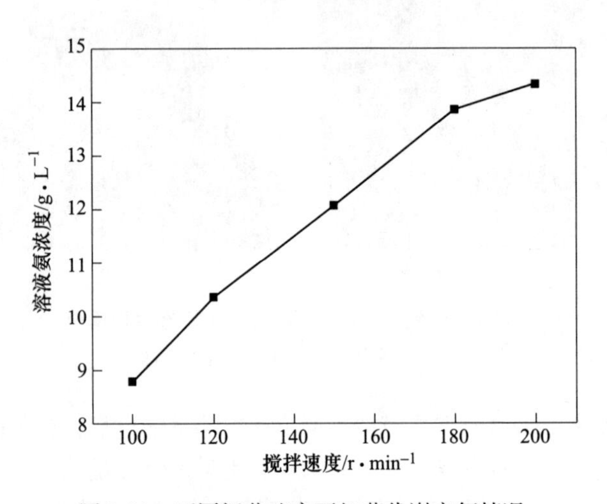

图 2-14 不同振荡速率下细菌代谢产氨情况

生长繁殖，温度过低会使细菌代谢速率降低直至停止生长代谢[127]。当温度向最适温度升高时，每升高 10℃细菌的生长速率会增加 1 倍。当温度高于细菌最适生长温度时，细菌生长速率降低，温度过高将使细菌细胞内蛋白质和核酸等物质发生不可逆的破坏，导致细菌死亡。本试验通过比较不同温度条件下（21℃、24℃、27℃、30℃、33℃、36℃）细菌的生长及代谢活性，确定细菌生长的最适合温度，结果如图 2-15、图 2-16 所示。

结果显示，细菌在试验温度范围内均能保持较好的活性。细菌生长浓度随培养温度升高而升高，在 30℃时细菌生长效果最好；当温度高于 30℃时，温度继续升高，细菌生长受到抑制，细菌浓度呈下降趋势。细菌的代谢产氨表现出相同的趋势，最大的代谢产氨量发生在培养温度 30℃时，超过此温度，溶液中氨浓度呈下降趋势。结果表明，温度过高或过低均不利于细菌的生长及代谢，30℃为细菌培养的最适温度。

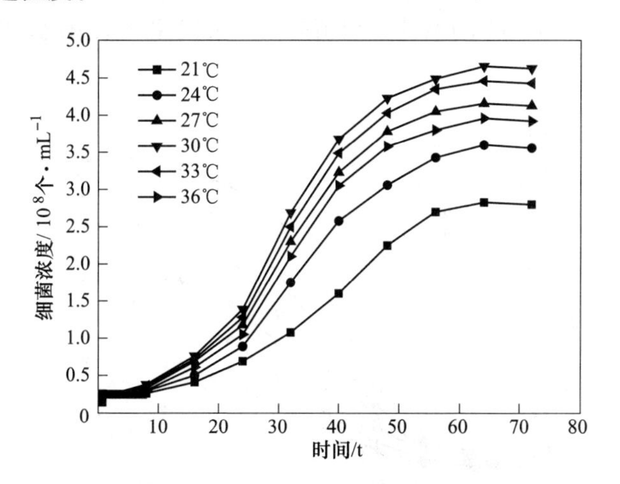

图 2-15 不同培养温度下细菌生长情况

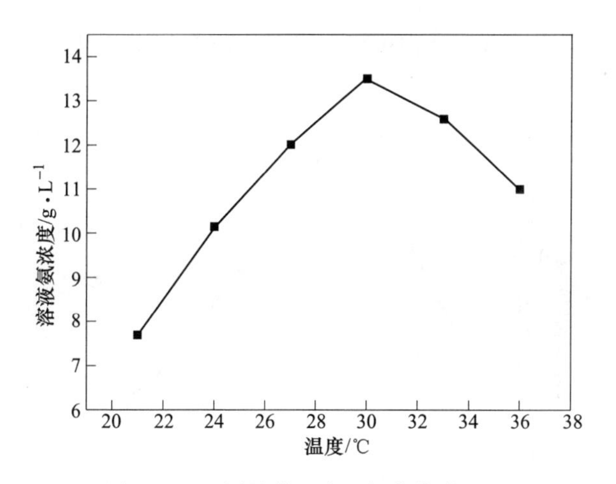

图 2-16 不同培养温度下细菌代谢活性

2.3.5 初始 pH 值对细菌活性的影响

在微生物生命活动过程中，pH 值可影响微生物胞内的大分子有机会携带的电荷而影响其生长代谢活性，细菌携带电荷发生变化时，细菌对生长所需的影响物质的吸收能力也产生变化，吸收能力减弱，细菌生长活性降低[128]。

适宜酸碱环境是细菌生长所必需的条件，不同的细菌对 pH 值有不同的适应范围。培养基过酸或过碱都可能影响细菌的正常生长繁殖，及脲酶的活性，从而影响其对矿物的吸附和产氨浸矿的效果。因此有必要测定不同初始 pH 值条件下细菌的生长及代谢产氨情况，确定细菌生长的最佳 pH 值。

在温度 30℃、接种量 20%、振荡速率 180r/min 的条件下，考察不同初始 pH 值为 6、7、8、9、10、11 的条件下细菌的生长及代谢产氨情况，结果如图 2-17、图 2-18 所示。

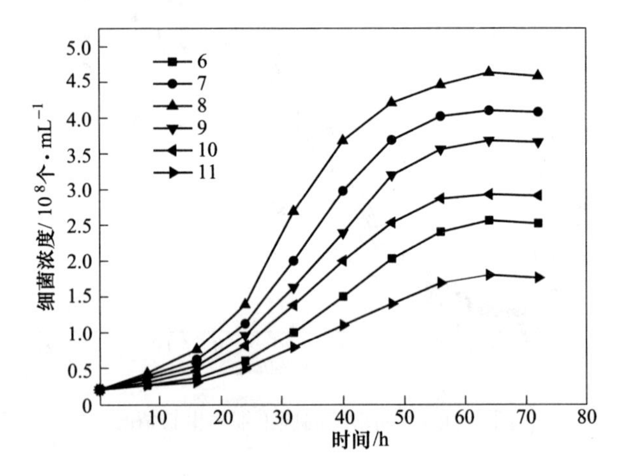

图 2-17　不同初始 pH 值条件下细菌生长情况

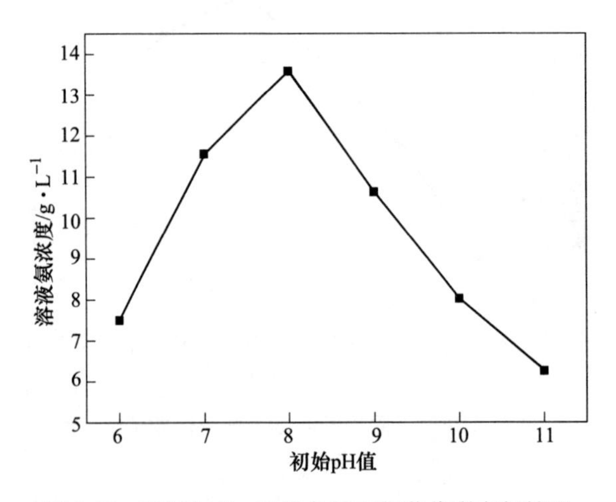

图 2-18　不同初始 pH 值条件下细菌代谢产氨情况

在初始 pH 值小于 7 时细菌生长及代谢均受到抑制，表明细菌更适合在碱性条件下生长。在初始 pH=7~9 的区间范围内细菌生长代谢活性较好，在此区间范围内细菌生长及代谢产氨趋势均表现为先上升后下降。初始 pH 值由 7 提高至 8 过程中，对数期细菌浓度提高 27%，溶液氨浓度提高 16%；当初始 pH 值继续升高时，细菌浓度及产氨量随之下降；初始 pH 值大于 11 时，细菌生长速率缓慢，活性受到明显抑制，说明高碱性环境同样不适合细菌的生长。根据试验结果确定，细菌生长的最佳初始 pH 值为 8。

2.3.6 接种量对细菌活性的影响

在细菌培养过程中，细菌的初始接种量也是一个很重要的工艺参数[129]。初始接种量过低，要使菌体数量达到最高并获得最多代谢产物就需要更长时间，甚至在过长的培养时间内目标菌种无法形成种群优势，获得充足的营养物质进行生长繁殖；初始接种量较高可缩短细菌生长延迟期，但同样存在问题，一方面会由于细菌争夺有限营养基质，导致营养不足，细菌不能大量繁殖；另一方面由于大量菌体短时间内同时代谢，导致产物浓度快速增高，对细菌生长产生抑制或毒害。因此，为了使细菌正常生长并具有最佳的代谢产氨能力，有必要对细菌接种量进行实验研究。

在温度 30℃、初始 pH = 8、振荡速率 180r/min 的条件下，考察不同接种量 5%、10%、15%、20%、30%条件下细菌的生长及代谢产氨情况，结果如图2-19、图 2-20 所示。

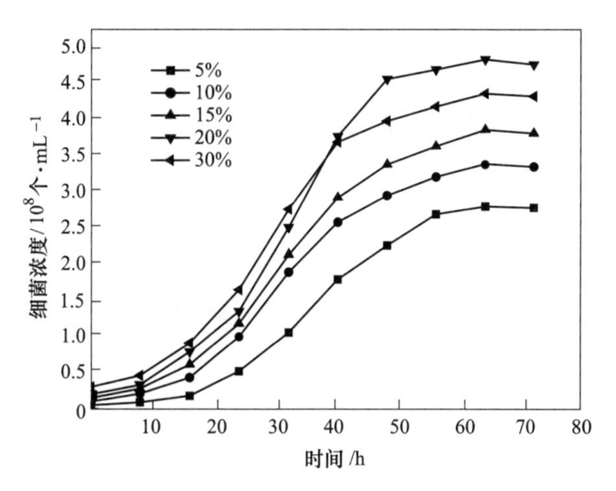

图 2-19 不同接种量条件下细菌生长情况

在培养基量一定时，细菌接种量越大，细菌生长的迟缓期越短，细菌生长速率越高。如图 2-19 所示，细菌生长速率随接种量升高而升高，在接种量为 30%时细菌生长速率最高。对比接种量为 20%和 30%两种条件下细菌生长情况可知，在培养 48h 后细菌接种量 20%时细菌浓度更高。结果表明，接种量过大，单位体积培养基内细菌的营养物减少速度快，同时大量菌体短时间内同时代谢导致产物浓度快速增高，将对细菌生长产生抑制，阻碍细菌大量繁殖。

细菌代谢产氨量随细菌接种量提高而提高，接种量越大，细菌生长越快，其代谢能力也越强，在接种量为 30%时，溶液内氨浓度最高，达 15g/L，较接种量为 20%时高 8%。究其原因，虽然细菌生长浓度在接种量 30%受到限制，但细菌快速生长过程中积累的代谢产物氨更多，所以其氨浓度更高。考虑到细菌培养成本以及细菌生长活性，认为在接种量为 20%时，虽然细菌代谢产氨量略低，但其细菌生长活性更佳、培养成本更低，更适合用于细菌培养和浸矿。综上，选择 20%为细菌培养的最佳接种量。

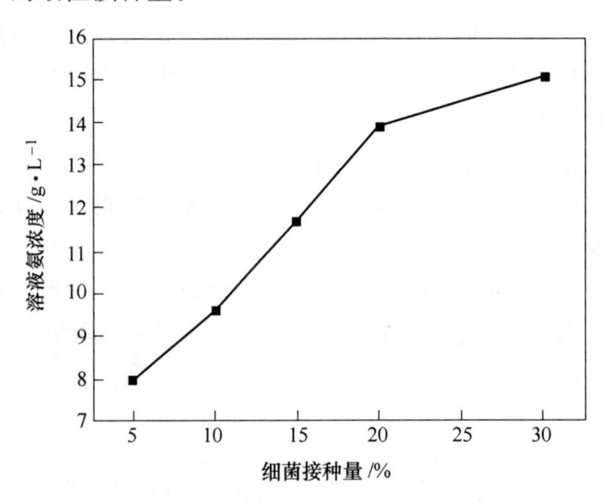

图 2-20　不同接种量条件下细菌代谢产氨情况

3 高效浸矿细菌的驯化及诱变育种

细菌浸矿技术的核心在于细菌的活性与浸矿能力，因此，选育高效浸矿菌种对于改善细菌浸矿效果具有重要意义。现今广泛应用的浸矿细菌育种技术主要有细菌驯化与诱变育种。细菌的遗传物质容易受到外界环境的影响而发生改变，这也是细菌驯化育种的基本原理。通过改变细菌生长环境，促使细菌与环境关联的基因激活，使细菌为适应生长环境而产生定性、稳定的改变，达到改良的目的，当细菌生长环境变化适宜，可促使细菌性状产生正向改良。诱变育种是通过物理或化学手段改变细菌遗传物质[130]，达到改变细菌性状的目的。当剂量选择和筛选流程得当时，将会得到正突变菌株。国内吴学玲等人[131]通过物理诱变育种技术获得了一株对银离子具有抗性的浸矿菌种，可用于高银离子环境浸矿。熊英[132]等人通过直接的矿物驯化，并通过用紫外线、微波等手段对浸矿细菌进行诱变，促使细菌的氧化能力大幅提高。

本书使用的碱性细菌分离自矿山的碱性土壤中，为使细菌能更好地适应浸矿环境，并改良细菌的生长活性、提高细菌的浸矿能力，本书开展碱性细菌的驯化及诱变育种，以获得高效的浸矿细菌。首先，本书以矿浆为驯化介质，对菌种进行驯化，增强其对浸矿环境中各种物质的耐受能力；然后通过紫外诱变和化学诱变两阶段复合诱变获得突变菌株，考察突变菌株的生长代谢能力以及浸矿能力，最终经过合理的筛选步骤获得高效浸矿菌株。

3.1 细菌驯化效果分析

微生物对环境有很强的适应能力，在对其施加环境压力的同时，微生物也在发生着基因突变。可以利用微生物的这种特点提高其对极端环境的适应能力，通过人工干预，使细菌逐渐适应某一条件，从而确定定向选育细菌的方法，进而达到改良浸矿微生物的目的。一般的菌种驯化方法是首先建立合理的菌种逐级驯化体系，在经过驯化培养后富集获得的菌种，然后用相应指标检验获得的菌种的驯化效果。

细菌依赖培养基的环境生存，添加矿粉改变细菌的生存环境将对细菌的活性产生不利影响，高浓度的矿浆不仅影响培养液中氧气的溶解量，而且矿石颗粒在培养液中对细菌细胞存在剪切作用，严重时将导致细菌死亡[133]。矿浆中的重金属离子对细菌有极大的毒害作用，随着浸出过程的进行，铜浸出溶液中的铜离子浓度将不断上升，细菌的生长将会受到影响，其浸出也必然受到影响。因此，有必要对浸矿细菌进行矿浆驯化，以增强其矿浆耐受性。

3.1.1　细菌驯化方案

细菌驯化采用矿浆直接进行，将矿粉加入细菌培养液中，驯化的初始矿浆浓度为5%，驯化梯度为3%。驯化过程中，在进入下一驯化梯度前，需保证细菌能够完全适应上一驯化梯度。当细菌在某一矿浆浓度下生长明显迟缓、细菌生长浓度显著降低，则将此矿浆浓度定为驯化的终点。具体的驯化步骤如下：

（1）配置尿素培养基，以5%的矿浆浓度为初始驯化梯度，每个驯化梯度下添加相应量的矿粉。

（2）取对数期的细菌培养液，使用离心机在5000r/min的条件下对其进行离心5min，使用生理盐水将所获细菌调制成浓度为1×10^{8}个/mL的菌液，将菌液接种至含有矿粉的培养基内，菌液接种量取20%。

（3）接种后，在恒温培养箱中进行培养，培养条件为：温度30℃，震荡频率180r/min；记录不同矿浆浓度梯度中细菌达到平稳期时的细菌浓度，当细菌能够在这一梯度正常生长后进入下一驯化梯度，直至驯化终点。

完成矿浆驯化后，开展细菌浸矿试验，考察细菌矿浆驯化效果，分析驯化前后不同矿浆浓度下细菌的生长活性以及浸矿能力，试验条件为：温度30℃、接种量20%、初始pH=8、振荡速度180r/min、矿石粒径38~75μm，铜离子浓度通过原子吸收分光光度计测量。

3.1.2　矿浆驯化效果分析

矿浆驯化过程以5%的矿浆浓度为初始驯化浓度，驯化梯度3%，如图3-1所示为不同矿浆驯化浓度下细菌生长稳定期时的细菌浓度。随矿浆浓度升高，细菌生长稳定期的细菌浓度呈下降趋势。矿浆中不仅存在可对细菌产生毒害作用的组分，而且随矿浆浓度升高，培养液内氧气含量将大幅下降，矿石对细菌的剪切作用将大幅提升，细菌生长繁殖受到强烈影响。经过驯化，细菌可较好适应的矿浆浓度范围为矿浆浓度低于11%。当驯化的矿浆浓度大于14%时，细菌生长稳定期的浓度下降速度明显增大。细菌矿浆驯化的终点为20%的矿浆浓度，在此矿浆浓度条件下，稳定期的细菌浓度仅为0.95×10^{8}个/mL，相对其他驯化浓度条件下细菌浓度显著下降，较驯化矿浆浓度5%的条件下，稳定期细菌浓度下降79.3%。综上可知，驯化后，细菌可正常生长的最高矿浆浓度为14%，超过此矿浆浓度细菌生长将逐渐受到抑制；细菌所能承受的矿浆浓度极限为20%，超过此浓度，细菌将无法正常生长。

根据驯化结果，细菌可较好适应的最高矿浆浓度为14%，因此，选择14%的

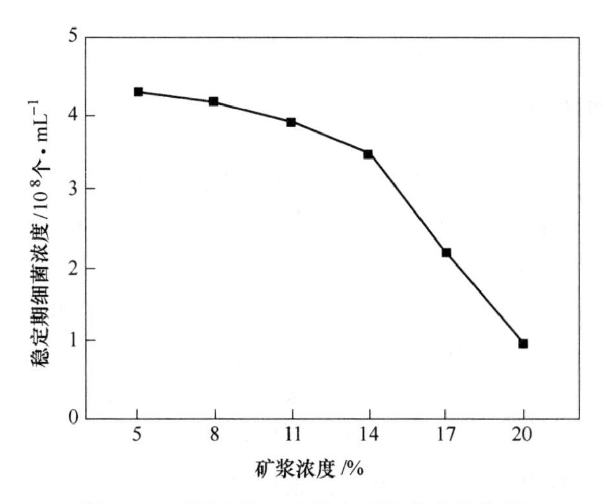

图 3-1 不同矿浆浓度梯度下细菌生长情况

矿浆浓度检验细菌驯化效果，开展细菌浸矿试验，考察浸矿过程中细菌生长特性以及铜浸出率效果，试验结果如图 3-2 所示。

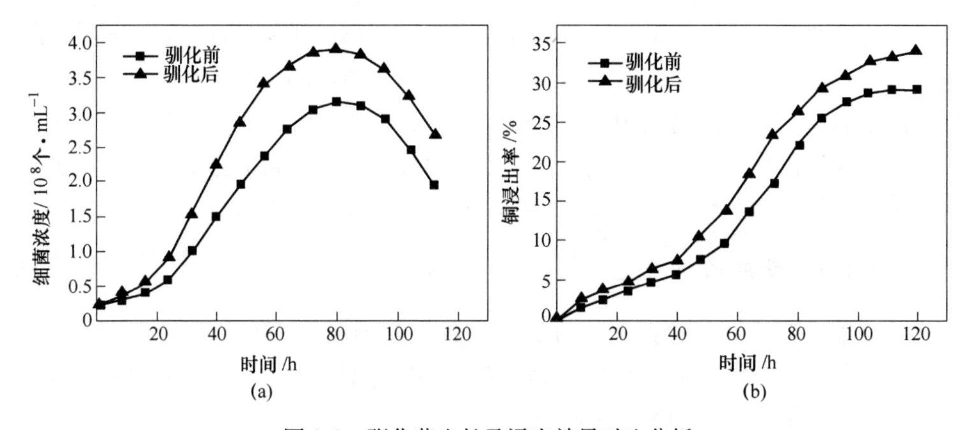

图 3-2 驯化菌生长及浸出效果对比分析
（a）细菌生长情况；（b）铜的浸出

在 14%矿浆浓度条件下，驯化后细菌生长速率较快，在第 16h 时基本进入生长的对数期，稳定期的细菌浓度为 3. 9×10^8个/mL；矿浆条件下未驯化的细菌约在 24h 后进入对数生长期，细菌浓度稳定期达 3. 15×10^8个/mL；对比驯化前后铜的浸出效果，在浸出过程中，驯化后细菌浸出的铜浸出率达到 33. 86%，较驯化前铜浸出率提高 4. 61%。综上分析可知，驯化后细菌能较好适应高浓度矿浆环境，其在矿浆环境中生长速率较快，较驯化前的细菌提早 8h 进入对数生长期；驯化后细菌的浸矿能力随其适应性提升而有所提升，但铜浸出率仅提高 4. 61%，提升幅度较小，说明驯化可较好提高细菌对矿浆环境的适应力，但无法大幅提高细菌的浸矿能力，因此，需要对细菌进行诱变育种以提高其浸矿能力。

3.2 细菌物理诱变育种

细菌诱变育种是通过人为干涉改变细菌细胞内的遗传物质，对微生物性状进行改良，控制诱变剂量并通过适当的筛选流程，最终获得性状改良提高的菌株。紫外照射诱变是一种最常用、简便有效的物理诱变手段[134]，其有效诱变波长集中在255nm附近，与大部分微生物DNA吸收光谱一致，因此很容易使微生物发生基因突变。当剂量选择和筛选流程得当时，会得到部分正突变菌株。郭爱莲[135]等通过多次紫外诱变选育出了一株优良的耐砷菌株，它能在含11g/L的As_2O_3的环境中生长，与出发菌株相比其耐砷能力提高了14.7倍，该菌株浸矿结果表明，与出发菌株相比，其浸出砷元素的能力提高了9.7%。董颖博等[136]对酸性浸铜细菌*At.f*$_6$菌开展紫外诱变育种研究，经紫外诱变，细菌的浸矿能力大大提高，相对于原始菌种，铜的浸出率提高了15.77%。

3.2.1 细菌物理诱变方案

通过矿浆驯化实验和驯化效果验证实验发现，碱性细菌JAT-1对铜矿石的浸出率并没有大幅提升，原因可能为驯化仅仅提高了菌株的生长特性，并没有改良菌株的基因，因此也没有出现相关的性状改变。有鉴于此，本节使用紫外线对该菌株进行物理诱变实验，通过诱变人为改变遗传物质，获得大量突变菌株，通过合理筛选，最终选育获得高效浸矿菌种。具体实施方案如下：

3.2.1.1 紫外诱变原理

诱变采用紫外灯直接照射的方式，通过控制照射时间控制诱变剂量。诱变后，对诱变菌液稀释并使用平板培养，获得不同紫外诱变剂量下细菌的致死率。对不同诱变剂量下所获的突变菌液进行复筛、培养，以获取正突变菌株，通过对诱变菌株的培养，考察其生长代谢及浸矿效果，获取性能优良的浸矿改良菌种。

3.2.1.2 实验步骤

（1）取50mL对数期的细菌菌液，离心后弃上清液，使用无菌生理盐水洗涤、稀释，制成细菌浓度为10^8个/mL的细菌悬液，作为诱变试验的原始菌液。

（2）取原始菌液5~10mL，置于细菌培养皿内，放置在紫外灯下直接照射进行诱变，诱变紫外波长定为255nm，考察不同紫外诱变剂量下细菌的诱变效果，不同诱变剂量分别设定为紫外照射30s、紫外照射60s、紫外照射90s、紫外照射120s、紫外照射150s、紫外照射180s，设置试验对照组，对照组不进行紫外照射。

（3）诱变结束后，通过平板培养诱变菌，并与对照试验进行比对，计算碱性细菌紫外诱变致死率；以细菌生长及产氨量为标准，考察不同诱变时间下的细菌诱变效果，获取活性最佳的诱变菌种并开展浸矿试验，对比诱变前后细菌的浸矿改良效果。

3.2.2 紫外诱变致死率分析

紫外诱变育种是通过紫外照射改变细菌 DNA 结构的。DNA 链上的嘌呤和嘧啶具有强烈的紫外光吸收能力，而且嘧啶比嘌呤敏感约 100 倍，最大的吸收峰在 254nm。在受紫外线照射时，两个胸腺嘧啶的双键分别变为单键，在单键的碳原子之间的新键上连接两个胸腺嘧啶，并在两个嘧啶环上相应的原子间的碳键相连形成胸腺嘧啶的二聚体[137]，二聚体可引起 DNA 结构扭曲变形，阻碍碱基间的正常配对，影响 DNA 的正常复杂和转录，从而引起细菌突变性状。当形成的二聚体数量过多导致遗传变异幅度过大时，菌种的诱变致死率也随之增高。如图3-3所示为不同紫外诱变时间条件下细菌致死率。

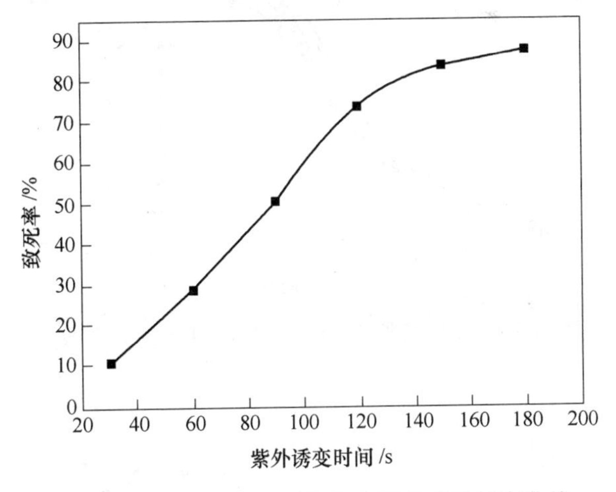

图 3-3 不同紫外诱变时间条件下细菌致死率曲线

由图可知，随诱变时间增加，细菌的致死率上升，255nm 紫外线对该菌株具有较强的诱变作用。当紫外照射时间持续 30s 时，细菌的诱变致死率为 10.24%；当紫外照射时间为 180s 时细菌的诱变致死率增加至 86.91%。紫外诱变剂量将直接影响菌种的致死率。诱变剂量大，细菌致死率高，存活的细胞中负突变菌株多而正突变菌株少，但由于变异幅度大，在不多的正突变菌株中筛选到性能大幅提高的菌株可能性也更高；小诱变剂量处理时，细菌的致死率低，诱变幅度小，虽然存活的细胞中正突变菌株相对大诱变剂量处理的情况，但筛选到性能大幅度提高的菌株可能性较小。因此，本试验设置的诱变剂量是合适的，细菌致死率为

10%~90%，可以满足筛选改良菌株工作的要求，基于此对细菌的诱变效果进行进一步研究。

3.2.3　紫外诱变菌种的培养

以细菌生长活性和产氨量为标准，考察不同诱变条件下细菌的诱变效果。菌种诱变处理必然破坏原有 DNA 结构的稳定性，突变点可能处于亚稳定状态，增加了回复突变或抑制基因突变的可能性，为保证突变菌株的稳定性，首先对诱变菌种进行 3 次转代，然后在相同的条件下进行细菌培养，考察细菌的诱变效果，获取最佳的诱变菌株。不同紫外照射时间下的诱变细菌生长及产氨曲线如图 3-4、图 3-5 所示。

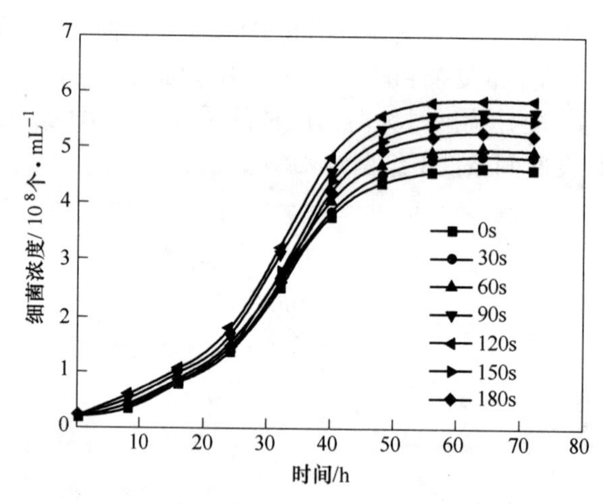

图 3-4　不同紫外照射时间的诱变细菌生长曲线

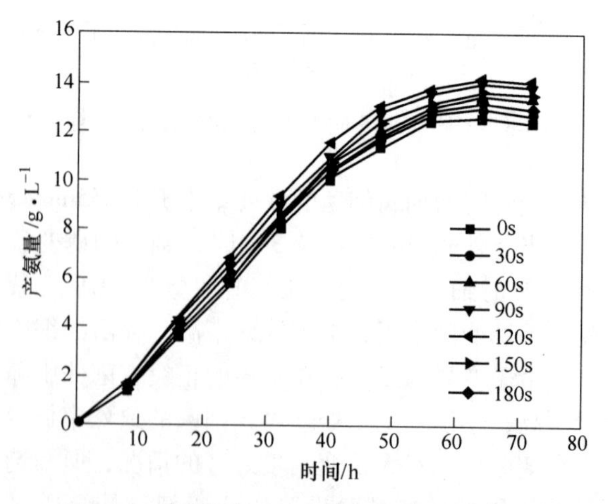

图 3-5　不同紫外照射时间的诱变细菌产氨量

经过紫外诱变后细菌在生长以及产氨能力方面均有所提升。如图 3-4 所示，在紫外诱变时间为 120s 时，诱变细菌生长及产氨性能最好，诱变细菌在稳定期的浓度可达 5.85×10^8个/mL，与原始菌株相比提升了约 26%。诱变菌株的细菌生长数量及速度高于原始菌株，导致细菌代谢产氨的量以及产氨的速度也同样高于原始菌株，诱变时间 120s 条件下，细菌生长 60h 后的产氨量最高达 14.16g/L，比原始菌株相比提升了 12%。综上分析可知，紫外诱变引起的正向突变改变了碱性细菌 JAT-1 的生长代谢特性，诱变后细菌的生长及代谢能力获得了较大提升，诱变致死率为 73.8%时收获的诱变菌种性能改良最优，最佳的诱变时间为 120s。

3.2.4 紫外诱变菌种浸矿分析

以原始菌作为对照，利用经过紫外照射 120s 后所获的最优诱变菌种进行细菌浸铜试验，考察诱变菌种浸矿能力的改善情况，浸矿条件为温度 30℃、接种量 20%、初始 pH=8、振荡速度 180r/min、矿石粒径 38~75μm、矿浆浓度 14%，浸出结果如图 3-6 所示。

如图所示，浸出初期，铜的浸出率上升缓慢，此时细菌处于生长的迟缓期，生长代谢活性较弱；浸出 32h 后，诱变菌种与原始菌种浸出铜的效率均开始提高，如图 3-6 所示，此阶段细菌处于生长的对数期，生长代谢活性较强，浸矿效率随之提高。浸出过程中，诱变菌种浸铜的浸出率始终高于原始菌种；浸出 144h 后，诱变菌种浸出铜矿的浸出率达 40.56%，而原始菌种浸出铜的浸出率为 34.2%，诱变后细菌浸铜的浸出率提高 6.36%。通过分析可知，细菌浸铜的能力与细菌的生长代谢活性有关，紫外诱变提高了细菌的生长及代谢活性，从而使细菌浸铜能力得到提升，诱变后细菌浸铜能力提升了 18.6%。

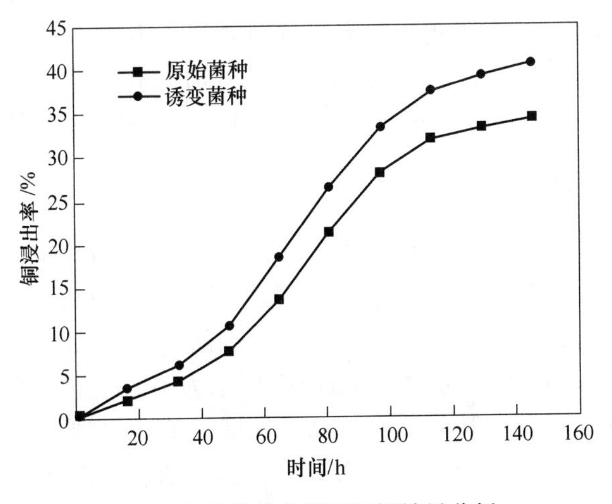

图 3-6 紫外诱变菌种浸铜效果分析

3.3　细菌化学诱变育种

经过紫外诱变，碱性浸矿细菌的浸铜能力获得了提升，为进一步提高其浸出铜矿物的能力，对紫外诱变菌种进行化学诱变。化学诱变是在碱性细菌培养过程中加入具有诱变效果的化学药剂，进行诱变培养，一般常用的化学诱变剂有盐酸羟胺、烷化剂、亚硝基类试剂、环氧化合物及重氮化合物等。由于此诱变技术具有操作简单、易控制、基因损伤小及突变率高的特点，已成为运用最为广泛的诱变育种技术之一[138]。

3.3.1　细菌化学诱变方案

本文化学诱变育种研究中，碱性细菌的化学诱变剂选为盐酸羟胺（$NH_2OH \cdot HCl$），其可在浓度为0.1%~3%时对细菌产生诱变效应[139]，是一种有效的化学诱变剂。碱性细菌化学诱变试验操作步骤如下：

（1）取50mL对数期的细菌紫外诱变菌液，离心后弃上清液，使用无菌生理盐水洗涤、稀释，制成细菌浓度为10^8个/mL的细菌悬液，作为诱变试验的出发菌液。

（2）取待处理菌悬液10mL菌液加入新鲜的含不同浓度盐酸羟胺（0.5%、1%、1.5%、2%、3%）的90mL尿素培养基中诱变培养，振荡培养前取1mL诱变菌液稀释后进行平板培养，与相同条件下无诱变剂平板培养组对照，对比菌落个数得到诱变剂浓度与细菌致死率的关系。诱变培养4d后结束诱变，诱变结束时使用无菌生理盐水进行稀释冲洗。

（3）以细菌的生长活性和产氨量作为考察菌种正突变的指标，将不同诱变剂量下的诱变细菌稀释后接入牛肉膏蛋白胨平板培养基培养，控制菌液稀释度，以0.1mL稀释后的菌液在平板上培养出现菌落30~50个为宜，随机挑选平板上菌落30株接入尿素培养基中，考察细菌的传代时间和产氨量确定诱变菌种的正突变率，并选出最优正突变菌种用于浸铜试验，考察菌种改良效果。

3.3.2　化学诱变致死率分析

盐酸羟胺是一种具有特异诱变效应的诱变剂，它几乎只和胞嘧啶发生反应，能够专一性引起G：C→A：T转换，同时羟胺能与细胞中的一些物质反应生成过氧化氢，同样能对细胞产生诱变作用。诱变剂的浓度是决定诱变效果的重要参数，而且直接影响细菌的致死率，如图3-7所示为不同盐酸羟胺浓度下细菌的致死率。由图可知，盐酸羟胺的浓度越高，细菌的致死率越高，盐酸羟胺浓度为0.5%~1%时，细菌致死率为53%~75%，说明此细菌在低诱变剂浓度时已有较高的致死率；当盐酸羟胺浓度大于1.5%时，细菌致死率高于80%；当盐酸羟胺浓度为3%时，细菌几乎100%死亡。盐酸羟胺和胞嘧啶反应后，胞嘧啶结构发生变化并与腺嘌呤配对，引起DNA结构变化。盐酸羟胺浓度较高时，羟化作用增强，导致细菌DNA结构变化较大，当菌体的遗传变异幅度过大时将导致细菌死亡[140]。

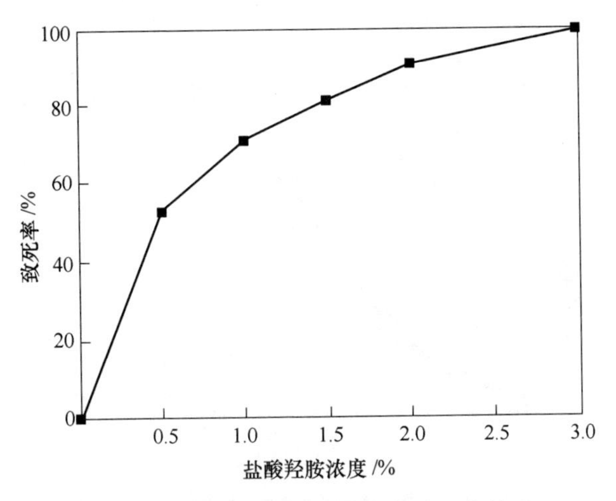

图3-7　化学诱变基浓度与细菌致死率关系

以细菌的生长活性和产氨量作为考察菌种正突变的指标，考察不同诱变剂浓度对细菌突变的影响，结果见表3-1。当细菌致死率较低（小于71%）时，存活的细菌相对较多，但其中筛选出大幅度提高的正突变菌种较少；而当致死率较高时，细菌存活较少，但在不多的细胞中筛选到大幅度提高的正突变菌种的可能性较大。诱变剂浓度为1.5%时，致死率为81%，菌种的正突变率为16.67%。因此，选取1.5%为最佳诱变剂浓度，使用此诱变剂浓度下的正突变菌种进行培养与浸矿。

表3-1　细菌化学诱变结果

诱变剂浓度/%	致死率/%	菌落个数/个	正突变菌落数/个	正突变率/%
0.5	53	30	2	6.67
1.0	71	30	3	10
1.5	81	30	5	16.67
2.0	90	30	1	3.33
3.0	100	0	0	0

3.3.3　化学诱变菌种的培养

将诱变剂浓度1.5%诱变后的5个细菌正突变菌落接入尿素培养基中，通过观测各正突变菌的生长情况确定最优的正突变菌株，结果如图 3-8 所示。与诱变的出发菌株相比，诱变后 5 株正突变菌生长性能均有不同程度的提高，其中，改良效果最好的菌落在细菌稳定期的浓度可达 6.6×10^{8}个/mL，与出发菌株相比提升了 17%，故确定此菌落为化学诱变效果最佳的诱变菌。

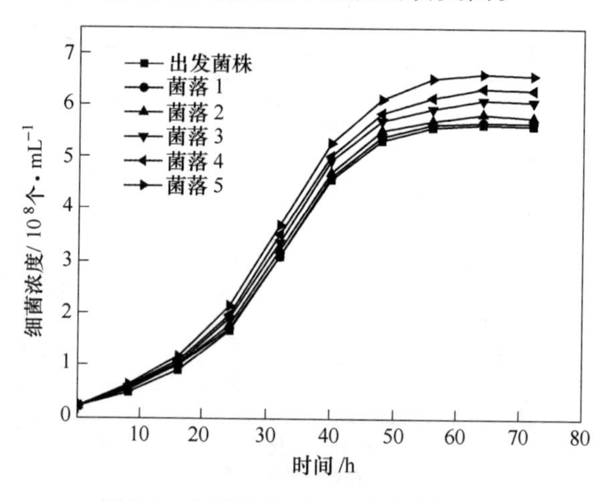

图 3-8　化学诱变正突变菌落生长情况

对比化学诱变菌种、紫外诱变菌种以及原始菌种的生长特性以及产氨能力，结果如图 3-9、图 3-10 所示。经过紫外诱变后，细菌生长率及速率均有提高，稳定期浓度最高达 5.6×10^{8}个/mL，与原始菌种相比提升 21.6%；以紫外诱变菌为出发菌株，开展化学诱变，诱变菌种稳定期浓度最高达 6.55×10^{8}个/mL，在紫外诱变菌的基础上提高了 17.2%。经过两阶段复合诱变，诱变细菌生长浓度显著提高，相对原始菌种累计提升 42.3%。

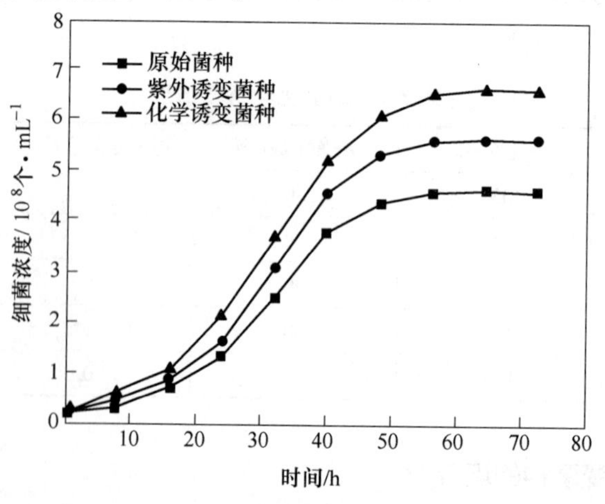

图 3-9　诱变菌生长特性对比分析

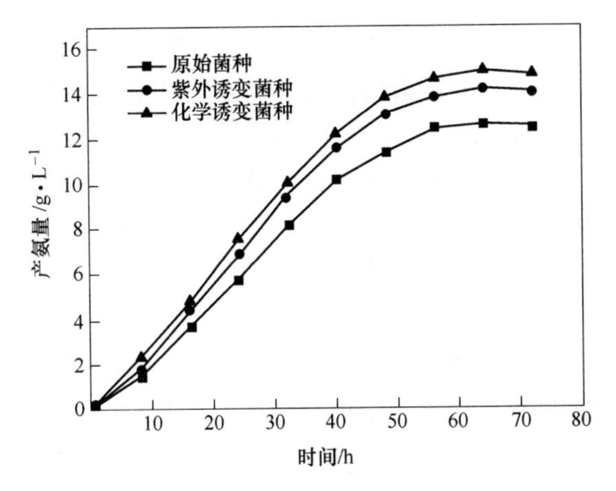

图 3-10 诱变菌产氨特性对比分析

诱变细菌产氨能力与细菌的生长特性表现出相同的趋势，经过两个阶段的复合诱变，细菌的产氨能力均有所提升。紫外诱变菌种在培养过程中的细菌产氨量达 14. 16g/L，与原始菌种相比提高了 12. 3%；化学诱变后，诱变菌种的产氨量为 15g/L，与紫外诱变菌种相比提高了 6%，经过两个阶段的复合诱变，细菌产氨量累计提升了 19%。

综上可知，经过两阶段复合诱变，菌种的生长特性及产氨能力均获得较大提升，可以认为通过紫外诱变与化学诱变，选育出了优良的突变菌株。

3. 3. 4 化学诱变菌种浸矿分析

利用选育的最佳化学诱变菌种进行细菌浸铜试验，考察诱变后细菌浸矿效果，浸矿条件为温度 30℃、接种量 20%、初始 pH = 8、振荡速度 180r/min、矿石粒径 38～75μm、矿浆浓度 14%，浸出结果如图 3-11 所示。

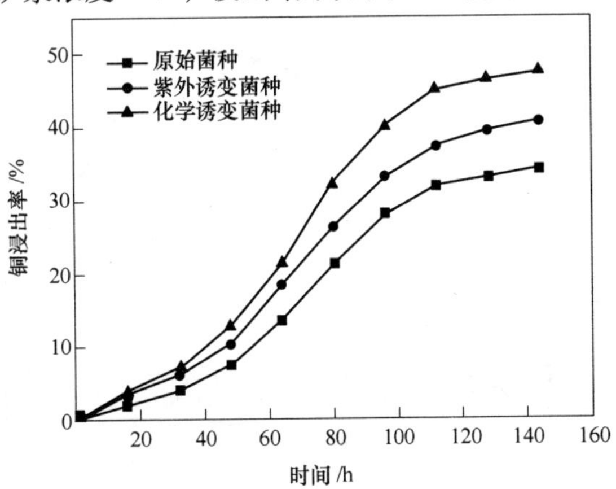

图 3-11 诱变菌种浸铜效果分析

由图可知，浸出初期，细菌处于生长的迟缓期，铜的浸出较为缓慢；浸出48h后，铜的浸出速度进入上升通道，化学诱变菌浸铜效率明显高于原始菌种及紫外诱变菌种；浸出144h后化学诱变菌种浸矿的铜浸出率达47.59%，较紫外诱变菌的铜浸出率高约7%，较原始菌种的铜浸出率高13.39%。由浸出结果可知，化学诱变改良了细菌的生长代谢活性，使细菌浸铜能力大大提升，经过紫外与化学两阶段复合诱变，细菌的浸铜能力提升了约39%。

综上分析可知，紫外与化学两阶段复合诱变改良了细菌的生长代谢活性，提升了细菌的浸铜能力，通过诱变选育获得了高效的碱性浸矿菌种。对化学诱变后获得的高效浸矿菌种进行大规模发酵培养，用于本书的复杂氧化铜矿碱性细菌浸矿规律研究。

3.4 诱变菌种生长活性分析

在柠檬酸钠为10g/L、尿素浓度为20g/L、温度30℃、初始pH=8、接种量20%、振荡速率180r/min条件下对JAT-1诱变菌进行纯培养，定期取样检测诱变菌生长浓度，分析其生长规律，绘制细菌生长曲线；对细菌产氨量进行测定，对最佳生长条件下细菌产氨能力进行考察。

纯培养条件下JAT-1诱变菌的生长曲线如图3-12所示。细菌JAT-1属于异养型细菌，在营养物含量一定时，根据细菌细胞浓度变化情况可将细菌JAT-1的生长过程分为四个阶段，分别为迟滞期、对数期、稳定期和衰亡期。由图可知，在培养前16h细菌生长处于迟缓期，此阶段细菌逐渐适应生长环境，为快速生长代谢做好调节准备；在第16h后，细菌生长进入对数期，此阶段细菌活性最强，单位时间内细菌的数量的增长速度达到最大值；在培养48h后细菌生长稳定期，细菌浓度达到顶峰并不再发生明显变化，细菌浓度最高达6.6×10^8个/mL；在培养

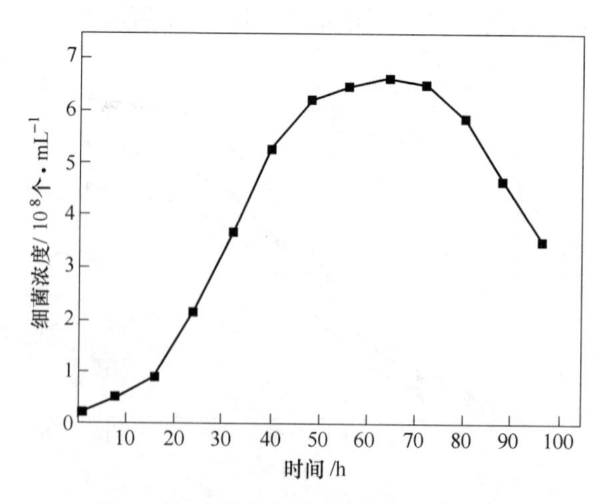

图3-12 纯培养条件下诱变菌生长曲线

72h 后细菌生长进入衰亡期，此时培养体系内细菌赖以生长的营养物质已经消耗殆尽，细菌开始死亡。

纯培养条件下 JAT-1 诱变菌代谢产氨量及菌液 pH 值变化如图 3-13 所示。氨为细菌分解尿素的代谢产物，因此细菌的产氨量随细菌浓度增长而不断增长。当细菌生长进入稳定期后，由于细菌赖以生长的营养物逐渐消耗，细菌产氨量的增长趋势逐渐放缓，细菌最大产氨量达 15g/L；在培养后期，随着时间的延续，溶液中氨浓度出现缓慢下降，培养过程中不断的振荡促使了氨的挥发导致其浓度降低。细菌代谢产氨导致培养液内 pH 值发生变化。细菌培养初期，随产氨量迅速增加，溶液内 pH 值不断增大，pH 值最大达 9.6。由于氨水的弱电解质性质，浸出后期，溶液 pH 值未随溶液中氨浓度的升高或降低出现明显变化，始终在 9.4~9.6 范围内波动。

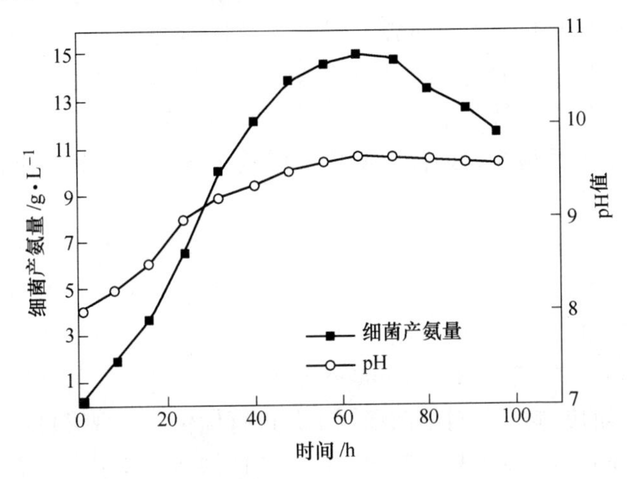

图 3-13　纯培养条件下细菌产氨及菌液 pH 值变化

4 碱性产氨细菌浸铜效果及优化试验研究

细菌浸出铜矿石是一个复杂的化学反应过程，对于本书所研究的碱性产氨浸矿菌种，这一反应过程既包括细菌在浸出体系中生长繁殖及代谢产氨，也包括浸矿细菌及其代谢产物与矿物之间的化学反应，这一过程不仅与细菌的生长代谢有关，而且受到矿石性质、浸出条件等因素的影响，比如温度、初始 pH 值、细菌接种量、搅拌速度等因素将直接影响细菌的生长速度与代谢活性，矿浆浓度将对细菌生长代谢产生抑制，矿石粒径将影响浸出反应动力学过程。本文筛选的碱性菌种为异养型细菌，其生长需要必要的碳源与氮源，而尿素作为氮源在其生长过程中将被分解产生氨，关于此类异养型产氨细菌在浸出铜矿方面的研究与应用未见报导，因而有必要开展浸矿试验，对其浸出过程的影响因素进行研究与优化。

本章针对高碱性氧化铜矿，采用诱变选育的高效浸矿菌种开展细菌浸矿试验，考察浸出温度、细菌接种量、初始 pH 值、矿浆浓度、矿石粒径、搅拌速度等因素对碱性细菌浸矿效果的影响，通过 Plackett-Burman 试验设计筛选出了细菌浸铜的关键影响因素，利用 Box-Behnken 试验设计考察了各关键影响因素的交互作用对浸出过程的影响，并对细菌浸铜工艺进行优化，实现了目标金属的高效浸出，为碱性条件下细菌浸出复杂氧化铜矿工艺提供基本技术参数依据。

4.1 试验材料与方法

4.1.1 复杂氧化铜矿性质

试验所用矿样来自云南某矿的高碱性复杂氧化铜矿。通过矿物学分析可知，矿物以硅酸盐为主，其次有碳酸盐类及氧化物类。矿石中铜的物相分布比较复杂，含铜矿物既有氧化矿，也有相当比例的硫化矿，以孔雀石（$Cu_2CO_3(OH)_2$）为主，其次为黄铜矿（$CuFeS_2$）、赤铜矿（Cu_2O）、黑铜矿（CuO）等。脉石矿物主要有透辉石、钙铁榴石、角闪石、阳起石等，绢云母等黏土类矿物占 25%，并有大量易泥化的褐铁矿存在，矿石含泥量大。

矿石中主要化学成分含量分析见表 4-1。矿石中铜品位较低，含量仅为 1.01%；氧化矿物 Fe_2O_3、Al_2O_3、CaO、MgO 含量高达 46.91% 以上，此类矿石酸浸过程中酸耗大，所以考虑采用碱法浸出处理此类铜矿石。

表 4-1 矿石主要化学成分分析结果

化学成分	Cu	Fe_2O_3	MgO	CaO	SiO_2	Al_2O_3	ZnO	WO_3
含量/%	1.01	27.26	1.35	10.68	47.78	7.62	0.198	0.16

由于矿石中铜矿物物相比较复杂、品位较低，故采用常规的 XRD 分析无法准确定量矿石中不同物相中铜成分含量。实验委托中南大学分析测试中心对铜矿物物相进行分析，对各物相中铜含量进行定量测试，结果见表 4-2。

表 4-2 矿石铜物相分析结果

铜物相	铜含量/%	占有率/%
游离氧化铜	0.36	35.6
结合氧化铜	0.29	28.7
原生硫化铜	0.29	28.7
次生硫化铜	0.07	7
总计	1.01	100

由表 4-2 可知，铜物相分布比较复杂，以氧化铜为主，含量占铜总量的 64.3%，余下 35.7% 为硫化铜。游离氧化铜矿主要为孔雀石（$Cu_2CO_3(OH)_2$），结合氧化铜矿主要为硅孔雀石（$CuSiO_3 \cdot 2H_2O$），原生硫化铜矿主要为黄铜矿（$CuFeS_2$），次生硫化铜矿主要为辉铜矿（Cu_2S）。

4.1.2 浸出影响因素试验

首先，为浸矿试验准备充足的浸矿菌种。将碱性细菌在牛肉膏蛋白胨培养基中富集培养，在温度 30℃、初始 pH = 8、接种量 20%、振荡速率 180r/min 条件下对细菌进行培养，培养 48h 细菌浓度达到 $10^8 \sim 10^9$ 个/mL 后，将菌液离心后采用无菌生理盐水稀释至 10^8 个/mL，制成标准浸矿菌液。

通过室内摇瓶浸矿试验，考察浸出温度、细菌接种量、初始 pH 值、矿浆浓度、矿石粒径、搅拌速度等因素对细菌浸出的影响。配置尿素培养基 100mL 加入 250mL 的锥形瓶中，根据试验设置加入矿粉并接入细菌，控制试验的温度、初始 pH 值、矿石粒径、搅拌速度，浸出 144h 后监测溶液中铜离子浓度并计算铜的浸出率。

尿素培养基灭菌采用高压灭菌法，在 121℃ 条件下高压灭菌 20min，尿素单独采用过滤灭菌法灭菌。采用血球计数板直接观测计算细菌数量。铜的浸出率通过方程（4-1）获得：

$$R_{Cu} = \frac{C \times V}{F \times M} \times 100\% \tag{4-1}$$

式中 R_{Cu}——铜的浸出率；

C——铜离子在浸出液中的浓度，通过原子吸收分光光度计测得；

V——浸出液的体积；

F——矿物中铜的质量分数；

M——浸出液中铜矿物的质量。

4.1.3　影响因素优化

基于 Design-Expert 软件的 Plackett-Burman 试验设计和 Box-Behnken 响应曲面试验设计对细菌浸铜影响因素进行优化[141,142]。

首先，利用 Plackett-Burman 试验设计对细菌浸铜的关键影响因素进行筛选，试验考察因素及水平设置见表 4-3，考察的因素有温度、初始 pH 值、细菌接种量、矿浆浓度、矿石粒径、搅拌速度、柠檬酸钠浓度、尿素浓度，试验设计见表 4-4。

针对 Plackett-Burman 试验筛选出的关键影响因素，通过最陡爬坡试验确定各因素的试验取值范围，尽可能接近最大浸出响应区域，见表 4-6。基于最陡爬坡实验结果，开展 Box-Behnken 响应曲面试验，设计三水平的中心组合试验，各因素水平设置见表 4-7，试验设计见表 4-8，根据试验结果分析各关键影响因素之间的交互作用，对各因素进行优化。

4.2　碱性细菌浸铜影响因素分析

4.2.1　温度对碱性细菌浸铜的影响

在细菌接种量 20%、初始 pH=8、矿浆浓度 5%、矿石粒径 38~75μm、搅拌速度 180r/min 的试验条件下，考察不同温度条件下（20℃、25℃、30℃、35℃、40℃）碱性细菌的浸铜效果，结果如图 4-1 所示。

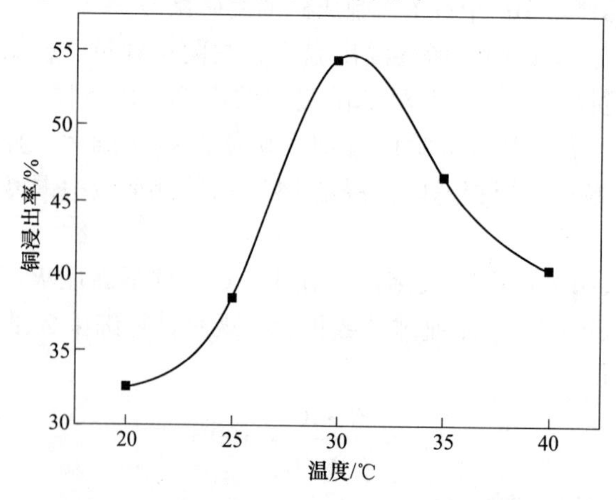

图 4-1　温度对碱性细菌浸铜的影响

铜的浸出率随温度升高呈现先上升后下降趋势，在温度为 30℃ 时最高，浸出 144h 后铜浸出率达 54.56%。对于浸出过程的化学反应而言，温度越高，溶液中的离子迁移速度越快，浸出反应速率越快。然后，在浸出过程中，细菌的生长代谢活性也是影响浸出反应的重要影响因素，其受温度的影响十分明显。

由图可以看出，温度对细菌的生长和代谢产氨影响十分显著，温度为 30℃ 时细菌生长代谢情况最优。温度低于最优生长温度时，细菌的生长速率较低，其代谢产氨效果也受到限制，导致在低温条件下铜的浸出率也明显低于温度为 30℃ 的条件，因此在温度 20~30℃ 的范围内，铜浸出率随温度升高而快速升高；而当温度高于 30℃ 时，随温度升高，细菌的生长与产氨活性呈下降趋势，在温度 30~40℃ 的范围内，虽温度的升高利于浸出反应的进行，但温度对细菌活性的抑制作用对铜浸出的影响更加显著，导致在此温度范围内随温度的升高铜浸出率不断下降。

综上，温度变化对细菌活性的影响将直接决定细菌的浸铜效果，在细菌适宜的生长温度条件下进行浸铜试验的效果最佳，最佳温度为 30℃。

4.2.2 细菌接种量对碱性细菌浸铜的影响

在温度 30℃、初始 pH = 8、矿浆浓度 5%、矿石粒径 38~75μm、搅拌速度 180r/min 的试验条件下，考察不同细菌接种量条件下（5%、10%、15%、20%、30%）碱性细菌的浸铜效果，结果如图 4-2 所示。

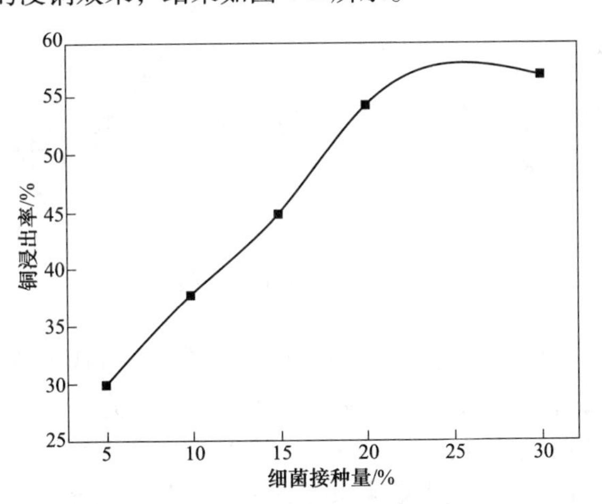

图 4-2 细菌接种量对碱性细菌浸铜的影响

细菌接种量为 5%~20% 时，铜浸出率随细菌接种量升高而快速提升，当细菌接种量大于 20% 时，铜浸出率上升趋势明显放缓；在细菌接种量为 30% 时，铜浸出率达到最大，为 56.89%。由 2.3.6 节图 2-19 可知，随细菌接种量提升，细菌生长速率也随之提升，稳定期时细菌浓度也明显升高。细菌接种量的提升，利于细菌在浸出体系中的生长并使之成为浸出体系中的优势菌种，进而促进铜矿的浸出，故表现出铜浸出率随细菌接种量提升而提升的趋势。但细菌接种浓度大于20%后，铜浸出率并未明显升高，分析其原因在于细菌接种量过大时单位体积培养基内可供细菌利用的营养物质相对减少，且营养物质的消耗速度加快、代谢产物快速积累，对细菌的增殖不利，故表现出铜浸出率上升趋势明显放缓。

综上，过低的细菌接种量不利于铜矿石的浸出，而过高的细菌接种量对于改善铜矿石的浸出效果并不明显，考虑到浸出成本，20%的细菌接种量为适宜的浸矿细菌接种量。

4.2.3　初始 pH 值对碱性细菌浸铜的影响

在温度30℃、细菌接种量20%、矿浆浓度5%、矿石粒径38～75μm、搅拌速度180r/min 的试验条件下，考察不同初始 pH 条件下（6、7、8、9、10、11）碱性细菌的浸铜效果，结果如图 4-3 所示。

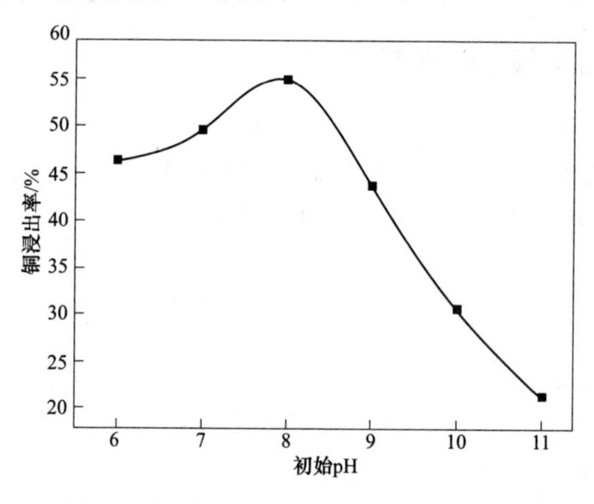

图 4-3　初始 pH 值对碱性细菌浸铜的影响

在初始 pH = 6～9 时，铜的浸出效果较好，在初始 pH 值为 8 时铜浸出率最高，浸出 144h 后铜浸出率达 55.01%。由 2.3.5 节研究可知，当 pH 值小于 7、溶液呈酸性时，细菌生长受到明显抑制，其生长产氨活性较低。但在浸矿过程中，初始 pH 值为 6 时，铜浸出效果未受到抑制，其原因在于铜矿石中碱性脉石矿物丰富，铜矿物中也存在大量氧化铜矿，矿粉加入呈弱酸性的浸出液时，溶液中的 H^+ 被中和，避免了酸性环境对碱性细菌生长的抑制作用，同时一定程度上促进了氧化铜矿物的溶解。

当浸出液初始 pH 值大于 9 时，随初始 pH 值升高铜浸出率迅速下降。碱性条件下，铜矿石的浸出主要通过细菌代谢产氨发生反应，而当初始 pH 值大于 9

时，细菌生长与代谢将受到明显抑制，进而影响细菌的浸矿能力。综上分析可知，初始 pH 值为 8 时，细菌的生长代谢活性最好，铜的浸出效果最佳。

4.2.4 矿浆浓度对碱性细菌浸铜的影响

在温度 30℃、细菌接种量 20%、初始 pH=8、矿石粒径 38~75μm、搅拌速度 180r/min 的试验条件下，考察不同矿浆浓度条件下（1%、3%、5%、7%、9%、11%、13%）碱性细菌的浸铜效果，结果如图 4-4 所示。

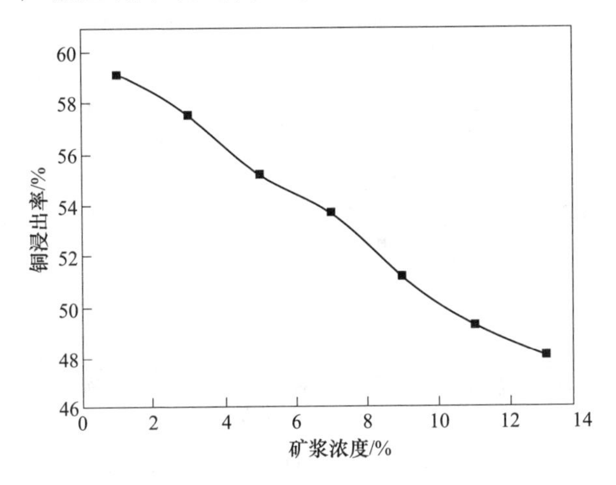

图 4-4 矿浆浓度对碱性细菌浸铜的影响

随着矿浆浓度逐渐增大，铜浸出率呈不断下降的趋势，矿浆浓度为 1%时铜的浸出率最高，浸出 144h 后铜浸出率达 59.16%。矿浆浓度对铜浸出率的影响主要体现在以下几方面：矿粉中存在可对细菌产生毒害抑制作用的组分，随矿浆浓度升高，有害组分浓度随之升高，其对细菌生长的抑制作用加剧；同时，矿浆浓度的升高，将影响浸出液中氧气的溶解量，搅拌浸出过程中矿石对细菌的剪切作用也将随之加大，不利于细菌的生长代谢活性，导致细菌浸铜能力的下降；此外，浸出体系中浸出液与矿粉的液固质量比越高，铜的浸出效果越好，而在浸出溶液量一定的情况下，增加矿浆浓度意味着降低浸出体系的液固比，单位质量矿粉对应的浸出剂质量降低，导致铜的浸出率下降。

综上分析可知，矿浆浓度越低越有利于矿石中铜的浸出，但提高浸出体系中液固质量比，浸出成本也将随之提升。因此，在考虑浸矿成本的情况下，浸出时不宜使矿浆浓度过低；考虑铜的浸出率与浸矿成本条件下，对碱性细菌浸铜工艺进行优化，尽可能提高浸矿时的矿浆浓度，保证浸出率与浸矿成本的平衡。

4.2.5 矿石粒径对碱性细菌浸铜的影响

在温度 30℃、细菌接种量 20%、初始 pH=8、矿浆浓度 5%、搅拌速度 180r/

min 的试验条件下，考察不同矿石粒级组成条件下碱性细菌的浸铜效果，将矿石筛分为 5 个不同粒级水平：180~300μm、106~180μm、75~106μm、38~75μm、0~38μm，浸出结果如图 4-5 所示，在粒级组成由粒级 1 变为粒级 5 的过程中，浸出的矿石粒径不断减小，而铜的浸出率随之呈现出先上升后下降趋势，在粒级 4 的条件下，浸出 144h 后铜浸出率最大，达 54. 6%。

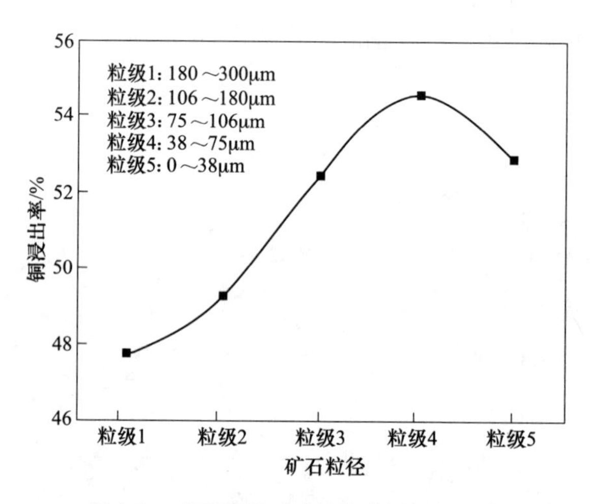

图 4-5 矿石粒径对碱性细菌浸铜的影响

铜离子的浸出过程分为三个阶段：化学反应、固体膜层扩散与液膜扩散。浸出过程的固体膜层扩散为化学浸出剂通过进入矿石颗粒内部以及铜离子通过固体膜层迁移至溶液的过程。矿石粒径越大，浸出剂渗入矿石颗粒和铜离子通过颗粒缝隙迁移进入溶液的路径越长，因而矿石粒径越大，越不利于目标离子的浸出与迁移。而且，在一定粒径范围之内，矿石粒径越小，矿石颗粒的比表面积越大，细菌及其代谢产物与矿石接触反应的面积越大，因此在矿石粒径由粒级 1 变化为粒级 4 的过程中时，随着矿石粒径的减小，铜的浸出率迅速上升。

当矿石粒径由粒级 4 变化为粒径 5 的过程时，铜的浸出率出现下降。分析其原因在于，当矿石粒径减小到一定程度时，矿浆黏度随矿石粒径的减小而增大，不利于氧气在浸出液中的溶液与扩散，影响浸矿细菌的生长代谢活性，导致铜浸出率降低。

综上分析可知，过大或过小的矿石粒径均不利于细菌浸出铜矿石，由图可知，当矿石粒径处于粒径 3~粒径 4 之间时，铜矿石的浸出效果最佳。

4. 2. 6 搅拌速度对碱性细菌浸铜的影响

在温度 30℃、细菌接种量 20%、初始 pH = 8、矿浆浓度 5%、矿石粒径 38~

75μm 的试验条件下，考察不同搅拌速度条件下（100r/min、120r/min、150r/min、180r/min、200r/min）碱性细菌的浸铜效果，结果如图 4-6 所示。

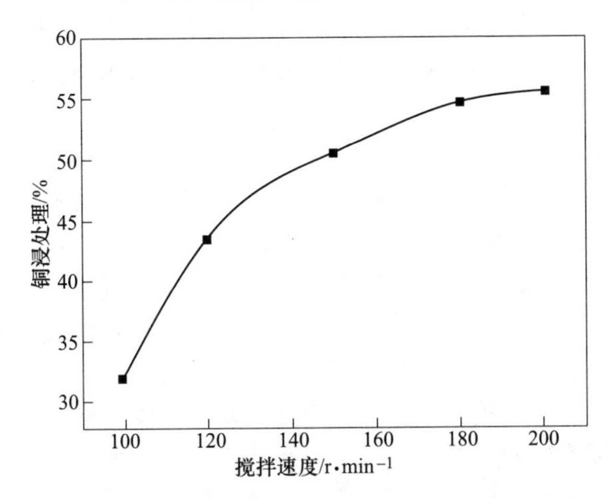

图 4-6 搅拌速度对碱性细菌浸铜的影响

在所考察的搅拌速度范围内，随搅拌速度的升高，铜的浸出率呈上升趋势，但在搅拌速度大于 180r/min 时，铜浸出率增长明显放缓。搅拌速度对细菌浸铜的影响主要体现在两方面：影响浸出液溶氧量和影响浸出过程液膜扩散速度。搅拌速度的升高利于浸出液溶氧量的提升。如图 2-13 所示，随搅拌速度提升细菌生长稳定期的细菌浓度不断升高，细菌生长代谢活性的提升利于铜矿石的浸出；而当搅拌速度大于 180r/min 时，细菌生长受搅拌速度影响较小，说明此时溶液的溶氧量足以满足细菌生长的需求，因此在浸出过程中铜浸出率提升的速度也明显放缓。

搅拌速度对液膜扩散的速度有直接影响。当浸出过程受液膜扩散影响时，浸出反应受搅拌速度影响明显，铜的浸出率随搅拌速度的提升而迅速升高；当搅拌速度较高并足以使反应克服液膜扩散影响时，搅拌速度的提升对于铜浸出率的影响下降，此时铜浸出率上升趋势放缓。

另外，有研究表明，搅拌速度过大时，矿石颗粒在浸出搅拌过程对细菌菌体会产生较大的剪切力[143]，影响矿石浸出，因此，浸出过程中搅拌速度也不宜过大。综上分析，认为浸出过程将搅拌速度设置为 180r/min 是合适的。

4.3 细菌浸铜的关键影响因素分析

4.3.1 关键因素筛选试验设计

Plackett-Burman(PB) 试验设计可从大量影响因素中快速准确地筛选出最

显著的影响因素。试验过程中对不同的影响因素设置高、低两个实验水平，通过试验结果分析各因素不同水平之间的差异以及与整体的差异，确定其对试验目标的影响程度，进而确定其重要程度。PB 试验设计的特点为可以通过较少的试验确定关键影响因素，避免将试验过程集中耗费在不显著因素的优化分析上。

碱性细菌浸出铜矿石的效果不仅受客观的浸出条件影响，而且与细菌的活性有关，即细菌的生长与代谢活性。影响细菌浸铜的客观因素主要有温度、矿浆初始 pH 值、细菌接种量、矿浆浓度、矿石粒径、搅拌速度。碱性细菌 JAT-1 为异养型细菌，其生长与代谢活性不仅与上述各因素有关，而且与细菌的培养基成分有关。培养基成分包含碳源、氮源以及必要的无机盐，无机盐含量较少，固定的含量对细菌浸铜影响不大，而碳源与氮源的浓度是细菌生长的能源和代谢产氨的基质，对细菌浸矿的影响较大，因此在筛选主要的浸矿影响因素时主要考察碳源与氮源浓度对细菌浸矿的影响。

综上，采用 Plackett-Burman 试验设计，考察筛选碱性细菌 JAT-1 浸铜的主要影响因素，考察的影响因素包括温度、初始 pH 值、细菌接种量、矿浆浓度、矿石粒径、搅拌速度、柠檬酸钠浓度、尿素浓度。每个因素值设置一个高水平和一个低水平，分别用+1 和−1 表示，见表 4-3，其中粒径−1 水平为 0. 18~0. 106mm，+1 水平为 0. 078~0. 038mm。

表 4-3　PB 试验因素水平设置

因素	单位	代码	水平设置	
			−1	+1
温度	℃	*A*	20	30
初始 pH 值	—	*B*	6	9
细菌接种量	%	*C*	10	20
矿浆浓度	%（w/v）	*D*	5	15
矿石粒径	mm	*E*	−1	+1
搅拌速度	r/min	*F*	120	180
柠檬酸钠	g/L	*G*	5	14
尿素浓度	g/L	*H*	5	20

采用 $N=11$ 的 Plackett-Burman 设计，对所选的 8 个浸出影响因素进行考察。其中，为考虑误差，设置 3 个虚拟组，编码分别为 I、J、K，以铜的浸出率为响应指标，设计方案见表 4-4。根据试验方案开展细菌浸矿试验，各方案的铜浸出率如表中所示。

表 4-4 Plackett-Burman 试验设计及浸出结果

试验序号	因素											铜浸出率/%
	A	*B*	*C*	*D*	*E*	*F*	*G*	*H*	*I*	*J*	*K*	
1	−1	1	−1	1	1	−1	1	1	1	−1	−1	23.69
2	1	1	−1	−1	−1	1	−1	1	1	−1	1	39.81
3	−1	−1	−1	−1	−1	−1	−1	−1	−1	−1	−1	16.83
4	1	−1	1	1	−1	1	1	1	−1	−1	−1	46.61
5	1	1	1	−1	−1	−1	1	−1	1	1	−1	32.1
6	1	1	−1	1	1	1	−1	−1	−1	1	−1	24.35
7	−1	−1	1	−1	1	1	−1	1	1	1	−1	33.22
8	1	−1	1	1	1	−1	−1	−1	1	−1	1	25.67
9	1	−1	−1	−1	1	−1	1	1	−1	1	1	38.77
10	−1	1	1	1	−1	−1	−1	1	−1	1	1	26.32
11	−1	−1	−1	1	−1	1	1	−1	1	1	1	15.16
12	−1	1	1	−1	1	1	1	−1	−1	−1	1	22.31

4.3.2 关键因素筛选结果分析

根据表 4-4 的试验设计，开展碱性细菌浸矿试验，得到各试验组铜浸出率如表所示，对试验结果进行线性拟合，得出铜浸出率 R 与 8 个因素的方程为：

$$R = 28.74 + 5.82A - 0.64B + 2.3C - 1.77D - 0.73E + 1.51F + 1.04G + 6H \tag{4-2}$$

利用 Design-expert 软件对表 4-4 的试验结果进行数据分析，获得各影响因素的显著性，即各因素对细菌浸铜的影响重要性，用 p 值表示，当 p 值<0.05 时因素为关键影响因素，数据分析结果见表 4-5。

表 4-5 各影响因素显著性分析

因素	单位	编码	*P* 值	显著性
温度	℃	*A*	0.0018	2
初始 pH 值	—	*B*	0.3314	8
细菌接种量	%	*C*	0.0253	3
矿浆浓度	%（w/v）	*D*	0.0495	4
矿石粒径	mm	*E*	0.2763	7
搅拌速度	r/min	*F*	0.0725	5
柠檬酸钠浓度	g/L	*G*	0.1579	6
尿素浓度	g/L	*H*	0.0017	1

由表可知，各因素对细菌浸铜的影响重要性排序依次为：尿素浓度>温度>细菌接种量>矿浆浓度>搅拌速度>柠檬酸钠>矿石粒径>初始 pH 值。各因素中 $p<0.05$ 的有尿素（0.0017）、温度（0.0018）、细菌接种量（0.0253）、矿浆浓度（0.0495），确定此 4 个因素为影响细菌浸铜的关键影响因素。

（1）尿素浓度。异养型细菌浸矿过程中细菌的生长与代谢产物直接影响浸出效果，而尿素不仅为细菌生长的氮源，同时也是细菌代谢产氨的基质来源，尿素的浓度不仅影响细菌的生长，而且影响细菌的产氨量，故而对浸出产生影响。

（2）温度。温度是影响细菌的生长及活性的重要因素，温度过高或过低将导致浸矿体系中细菌生长异常，进而影响细菌产氨对铜浸出效果产生影响；同时，温度对浸出反应也具有影响作用，高温条件利于反应进行。

（3）细菌接种量。细菌接种量过低时，细菌可能无法成为浸矿体系中的优势菌种；高细菌接种量使细菌在浸出体系中活性增强、生长速度加快，其代谢能力也加强，浸出效果变好。

（4）矿浆浓度。矿浆浓度越低，细菌生长及浸出效果越好。过高的矿浆浓度将对细菌生长产生抑制，导致浸出率降低；同时高浓度矿浆将导致浸出体系内氧气含量下降以及矿石对细菌的剪切作用加大，不利于细菌的生长和浸出。

4.3.3　关键因素优化中心点确定

通过 PB 试验筛选出铜浸出的关键影响因素后需通过 Box-Behnken 响应曲面试验对其优化，但响应曲面试验只有在所考察目标最高响应点的附近范围内才可获得最佳的试验优化效果，充分还原真实情况。因此，在使用响应曲面设计对细菌浸出复杂氧化铜的关键影响因素进行优化前，需使各因素的试验取值尽可能靠近目标响应值最高点的临近范围。

通过最陡爬坡试验使各因素取值靠近响应曲面最佳区域，以确定各因素的 Box-Behnken 响应曲面优化的中心水平。依据 PB 试验得出的浸出率与各因素关系方程（4-1）确定关键影响因素的爬坡方向，式中 A、C、H 的系数为正，D 的系数为负，确定温度、细菌接种量、尿素浓度的爬坡方向为正，矿浆浓度的爬坡方向为负。根据各因素值大小确定 A 的爬坡步长为 4，C 的爬坡步长为，D 的爬坡步长为 54，H 的爬坡步长为 4，由此开展试验，结果见表 4-6。

表 4-6　最陡爬坡试验设计及结果

步长	温度/℃	细菌接种量/%	矿浆浓度/%w/v	尿素浓度/$g \cdot L^{-1}$	浸出率/%
$x+1\Delta x$	24	14	12	10	37.8
$x+2\Delta x$	28	18	8	15	49.6
$x+3\Delta x$	32	22	5	20	56.1
$x+4\Delta x$	36	26	2	25	51.9

根据表4-6结果可知，碱性细菌浸出过程在$x+2\Delta x$到$x+4\Delta x$范围内存在最高浸出率，因此，选取$x+3\Delta x$为Box-Behnken响应曲面试验的中心水平，中心点试验条件为：温度32℃、细菌接种量22%、矿浆浓度5%、尿素浓度20g/L。

4.4 基于响应曲面的细菌浸铜优化

响应曲面法（response surface methodology）[144]是多元非线性回归方法，此方法可进行合理试验设计，基于试验结果对某个目标与多个影响因素之间的关系进行拟合分析，获得目标响应值与各影响因素之间的数学关系，最终实现对目标响应值的优化。

Box-Behnken设计是响应曲面设计方法之一，此设计可以在有限的试验次数条件下，对影响碱性细菌浸出的关键因素及其交互作用对同浸出率的影响进行评价，最终对影响碱性细菌浸铜的各关键因素进行优化。

4.4.1 Box-Behnken试验设计

在确定响应曲面试验中心点后，采用Box-Behnken试验设计，以铜浸出率为响应指标，对碱性细菌浸铜关键影响因素进行优化。考察温度、细菌接种量、矿浆浓度、尿素浓度4个因素对碱性细菌浸出铜矿石的影响，每个因素设置高、中、低三个水平，分别用+1、0、−1表示，见表4-7。

表4-7 Box-Behnken响应曲面试验因素水平设置

因素	水平		
	−1	0	+1
x_1：温度/℃	28	32	36
x_2：细菌接种量/%	18	22	26
x_3：矿浆浓度/%w/v	8	5	2
x_4：尿素浓度/g·L^{-1}	15	20	25

使用Box-Behnken设计开展响应曲面试验，根据表4-7设置的因素水平，以铜浸出率为响应目标，试验设计见表4-8。

表4-8 Box-Behnken试验设计

编号	x_1	x_2	x_3	x_4	铜浸出率/%
1	0	−1	0	1	53.2
2	0	−1	1	0	52.9
3	−1	−1	0	0	48.5
4	−1	1	0	0	50.1

续表 4-8

编号	x_1	x_2	x_3	x_4	铜浸出率/%
5	0	0	0	0	56.1
6	1	0	−1	0	48.3
7	0	−1	0	−1	53.8
8	0	0	−1	−1	59.8
9	0	1	−1	0	60.3
10	0	0	1	1	51.1
11	0	1	0	−1	57.6
12	0	1	1	0	55.5
13	−1	0	0	−1	48.8
14	0	−1	−1	0	59.1
15	0	0	0	0	56.3
16	1	0	1	0	42.5
17	1	0	0	−1	45.6
18	−1	0	−1	0	51.5
19	−1	0	0	1	47.7
20	1	0	0	1	43
21	0	0	−1	1	58.7
22	0	0	1	−1	52.8
23	0	1	0	1	57.3
24	0	0	0	0	55.8
25	1	−1	0	0	43.8
26	1	1	0	0	47.1
27	0	0	0	0	56.6
28	0	0	0	0	55.9
29	−1	0	1	0	46.9

4.4.2　Box-Behnken 试验结果分析

根据表 4-8 的 Box-Behnken 试验设计，开展细菌浸铜试验，各试验组的铜浸出率见表 4-8 所示。利用二次多项式（4-2）对浸出结果进行拟合分析，建立浸出率与温度、细菌接种量、矿浆浓度以及尿素浓度的关系模型，如式（4-3）所示。

$$Y = \beta_0 + \sum_{i=1}^{n}\beta_i x_i + \sum_{i=1}^{n}\beta_{ij} x_i^2 + \sum_{i=1}^{n}\sum_{j=1}^{n}\beta_{ij} x_i x_j \tag{4-2}$$

式中　Y——响应值，铜浸出率；

β_0、β_i、β_{ii}、β_{ij}——系数常数；

n——试验因素量，取 4；

x_i、x_j——各试验因素编码。

$$Y = 56.14 - 1.93x_1 + 1.38x_2 - 3x_3 - 0.62x_4 + 0.42x_1x_2 - 0.3x_1x_3 - 0.38x_1x_4 + 0.35x_2x_3 + 0.075x_2x_4 - 0.15x_3x_4 - 9.09x_1^2 + 0.33x_2^2 + 0.36x_3^2 - 0.89x_4^2 \tag{4-3}$$

式中　Y——铜浸出率；

x_1——温度，℃；

x_2——细菌接种量，%；

x_3——矿浆浓度，%(g/mL)；

x_4——尿素浓度，g/L。

A　浸出率关系模型的预测值

根据铜浸出率与温度、细菌接种量、矿浆浓度以及尿素浓度的关系模型（式(4-3)）获得不同条件下细菌浸出的铜浸出率的预测值。以试验实际数值为横坐标、预测值为纵坐标，对试验值与预测值进行对比分析，结果如图 4-7 所示。

图中大部分坐标点均落在或靠近直线 $y=x$，离散性较小，模型的预测值与试验值十分接近，表明式（4-3）较好地反映了铜浸出率与各因素之间的关系，同时也证明使用 Box-Behnken 试验设计对细菌浸铜进行优化是可行的。

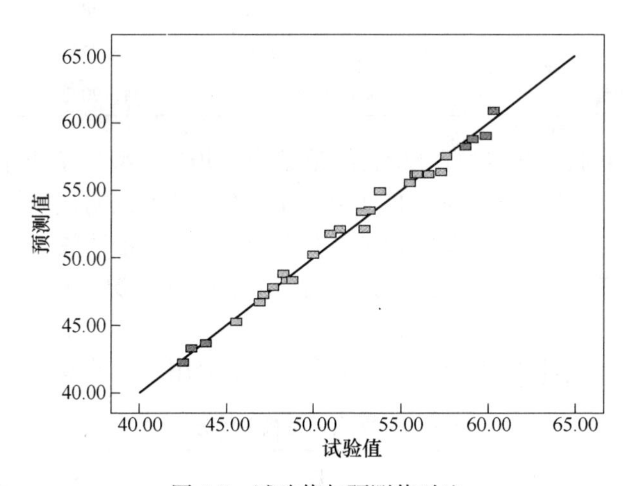

图 4-7　试验值与预测值对比

B　试验结果方差分析

根据 Box-Behnken 设计对细菌浸铜工艺进行优化，建立了铜浸出率与各影响因素的关系模型，如式（4-2）所示。对结果进行方差分析，见表 4-9。

由表可知，浸出率模型的 F 值为 118.63，$P<0.0001$，说明试验所得浸出率

模型是显著的，能够较好地揭示浸出率与各影响因素之间的关系，采用此模型对碱性细菌浸出铜矿石进行优化是合适。其中，x_1、x_2、x_3、x_4、x_1^2、x_4^2 的 P 值均小于 0.05，说明这些因子对铜浸出率的影响均为显著。

表 4-9　Box-Behnken 试验结果方差分析

数据源	平方和	自由度	均方	F 值	P 值
模型	768.75	14	54.91	118.63	< 0.0001
x_1	44.85	1	44.85	96.9	< 0.0001
x_2	22.96	1	22.96	49.61	< 0.0001
x_3	108	1	108	233.32	< 0.0001
x_4	4.56	1	4.56	9.86	0.007
x_1x_2	0.72	1	0.72	1.56	0.232
x_1x_3	0.36	1	0.36	0.78	0.393
x_1x_4	0.56	1	0.56	1.22	0.289
x_2x_3	0.49	1	0.49	1.06	0.321
x_2x_4	0.02	1	0.02	0.05	0.829
x_3x_4	0.09	1	0.09	0.19	0.666
x_1^2	536.06	1	536.06	1158.1041	< 0.0001
x_2^2	0.72	1	0.72	1.5648275	0.232
x_3^2	0.84	1	0.84	1.8077245	0.2
x_4^2	5.15	1	5.15	11.120726	0.0049

对浸出模型的相关性进行分析，结果见表 4-10。模型 P 值小于 0.05 表明模型是显著的，而模型的失拟项 P 值为 0.051、不显著，说明试验结果误差较小，浸出率模型的可靠性高。模型的相关系数为 0.992，校正系数为 0.983，模型的变异系数为 1.3%，说明模型较好地反应了实际的浸出情况，只有 1.3%的浸出试验结果不能由此模型进行解释。模型的信噪比一般在大于 4 的情况下才可用于模拟优化，本模型的信噪比为 38.2，具有足够的信号用于该模拟优化。

表 4-10　浸出模型相关性分析

评价指标	值
模型 P 值	P<0.0001
模型失拟项 P 值	0.051
模型相关系数（R^2）	0.992
校正系数（R^2_{adj}）	0.983
变异系数	1.3%
信噪比（Adeq Precision）	38.2

4.4.3 浸铜关键影响因素的交互作用

利用 Design-expert 软件对优化浸出试验结果进行统计学计算分析，建立影响因素与浸出率的响应曲面图和等值线图，以确定各个影响因素的最佳水平。三维曲面和等值线形状可反映出影响因素对浸出率的影响以及因素之间交互作用的强弱，若响应曲面越陡、等值线区域内颜色变化越快，表明浸出率对于影响因素的改变越敏感，两因素交互作用对响应值的影响越明显；相反则影响较小、交互作用较弱[145]。同时也有研究分析认为，等值线图呈椭圆形时则表示两因素交互作用明显，呈圆形则不显著[146]。

A 温度与细菌接种量对浸出率的交互作用

图 4-8 所示为温度与细菌接种量交互作用影响下铜浸出率的响应曲面图及等值线图，矿浆浓度固定为 5%，尿素浓度固定为 20g/L。由图可知，在细菌接种量变化范围内，铜浸出率随细菌接种量升高而升高，在细菌接种量为 26%时铜的浸出率最高，但根据 4.2.2 节分析可知，细菌接种量在大于 18%后铜浸出率升高幅度较小，故在图 4-8（a）中响应曲面并未陡峭升高。

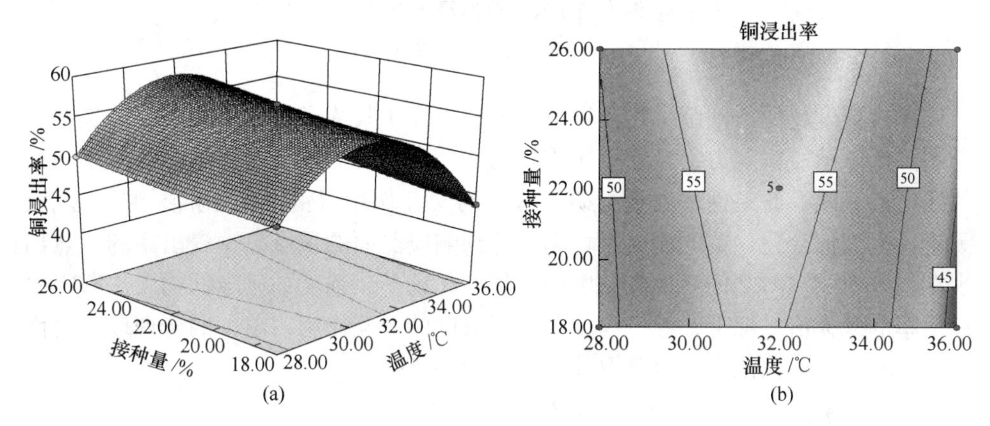

图 4-8 温度与细菌接种量对浸出率的交互作用
（a）响应曲面图；（b）等值线图

在温度变化范围内，铜的浸出率随温度升高呈现先升高后下降趋势。温度对细菌的生长有显著的影响，过高或过低均不利于细菌生长，进而影响铜的浸出率，由图 4-8（b）可知，温度在 30～32℃之间，铜的浸出率出现最高值，而当温度低于 30℃或高于 32℃时，细菌活性受到较大影响，浸出率的等值线近似直线，此条件下温度与细菌接种量的交互作用对铜浸出率的影响不显著，无论细菌初始接种量如何变化均不能达到最佳浸出效果。综上，温度的合理取值范围为 30～32℃、细菌接种量的合理取值范围为 24%～26%。

B　温度与矿浆浓度对浸出率的交互作用

图 4-9 所示为温度与矿浆浓度交互作用影响下铜浸出率的响应曲面图及等值线图，细菌接种量固定为 22%，尿素浓度固定为 20g/L。由图可知，温度与矿浆浓度交互作用对细菌浸铜的影响较为明显。铜浸出率随温度上升呈现先上升后下降趋势，随矿浆浓度的下降而呈上升趋势。

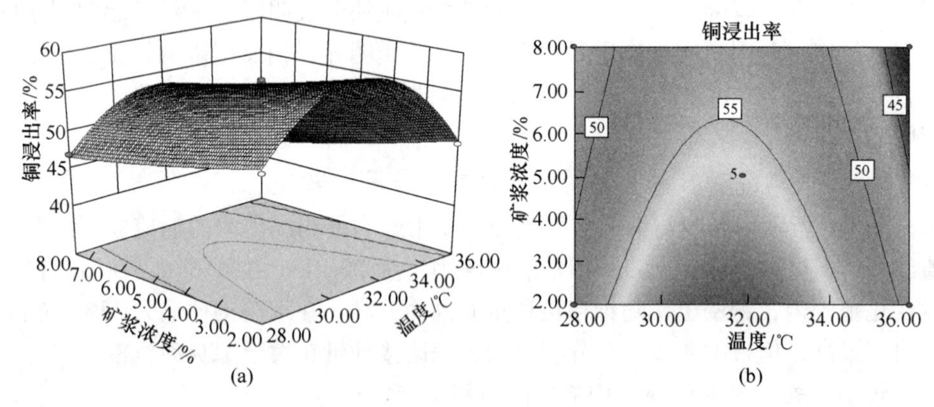

图 4-9　温度与矿浆浓度对浸出率的交互作用
（a）响应曲面图；（b）等值线图

矿浆浓度越低，细菌生长及浸出效果越好。矿浆浓度升高将对细菌生长产生抑制降低细菌浸铜能力，导致浸出率降低，当矿浆浓度大于 5%时，浸出率的等值线近似直线，此条件下温度与矿浆浓度的交互作用对铜浸出率的影响不显著，无论温度如何变化，铜的浸出率均无法达到响应曲面的顶点。铜浸出率的顶点出现在温度 30~34℃之间，而在此区间之外，无论矿浆浓度如何降低均无法获得铜浸出率的最大值。综上，考虑温度与矿浆浓度的交互作用，温度的合理取值范围为 30~34℃、矿浆浓度的合理取值范围为 2%~5%。

C　温度与尿素浓度对浸出率的交互作用

图 4-10 所示为温度与尿素浓度交互作用影响下铜浸出率的响应曲面图及等值线图，细菌接种量固定为 22%，矿浆浓度固定为 5%。由图可知，响应曲面值变化较大、等值线图呈椭圆形，说明温度与尿素浓度的交互作用对细菌浸铜的影响较为显著。铜浸出率随温度升高呈现先升高后降低趋势，浸出率顶点出现在温度 30~34℃之间；铜浸出率随尿素浓度升高同样呈现出先上升后下降的趋势。

由图 2-10 结果可知，尿素浓度过高将对细菌生长产生抑制作用，因此尿素浓度过高对铜的浸出产生不利影响。铜浸出率最大值点出现在温度 30~34℃、尿素浓度为 15~21g/L 之间，超过此区间，铜的浸出率无法达到最大；当温度超出 30~34℃的范围时，浸出率的等值线近似直线，此条件下温度与尿素浓度的交互作用对铜浸出率的影响不显著，无论尿素浓度取何值，铜的浸出率均低于 54%。

综上，考虑温度与尿素浓度的交互作用，温度的合理取值范围为30~34℃、尿素浓度的合理取值范围为15~21g/L。

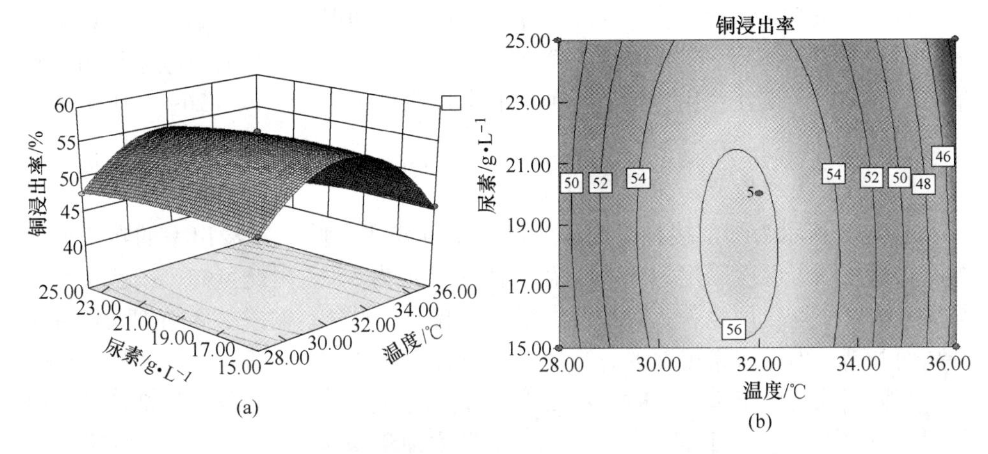

图4-10 温度与尿素浓度对浸出率的交互作用
(a) 响应曲面图；(b) 等值线图

D 细菌接种量与矿浆浓度对浸出率的交互作用

图4-11所示为细菌接种量与矿浆浓度交互作用影响下铜浸出率的响应曲面图及等值线图，温度固定为32℃，尿素浓度固定为20g/L。由图可知，细菌接种量与矿浆浓度的变化均对铜浸出率产生明显影响，但铜浸出率响应曲面较为平缓，说明细菌接种量与矿浆浓度交互作用对细菌浸铜的影响不显著。

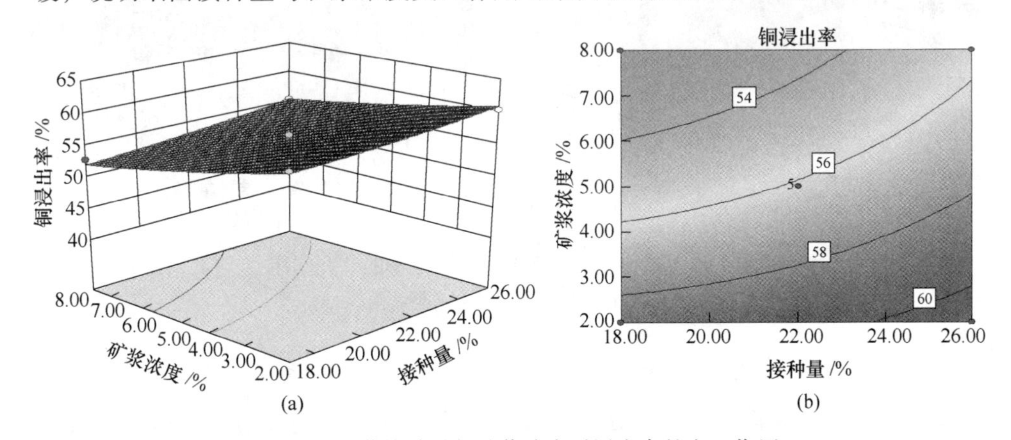

图4-11 细菌接种量与矿浆浓度对浸出率的交互作用
(a) 响应曲面图；(b) 等值线图

铜浸出率随矿浆浓度的降低而升高，当矿浆浓度大于6%时，浸出率的等值线近似直线，此条件下细菌接种量与矿浆浓度的交互作用对铜浸出率的影响不显著，无论细菌接种量取何值均无法消除矿浆抑制作用对铜浸出率的影响，铜的浸出率均小于 54%，而当矿浆浓度小于 5%时，无论接种量取何值，铜的浸出率均大于 56%。低矿浆浓度与高细菌接种量对铜浸出率的促进作用明显，在矿浆浓度为 2%、细菌接种量大于 24%时，铜的浸出率均超过 60%。综上，考虑细菌接种量与矿浆浓度的交互作用，细菌接种量的合理取值范围为 24%～26%、矿浆浓度的合理取值范围为 2%～5%。

E　细菌接种量与尿素浓度对浸出率的交互作用

图 4-12 所示为细菌接种量与尿素浓度交互作用影响下铜浸出率的响应曲面图及等值线图，温度固定为 32℃，矿浆浓度固定为 5%。由此可知，细菌接种量与尿素浓度交互作用显著，对铜浸出率的影响十分明显。铜浸出率随细菌接种量升高而升高，但随尿素浓度的升高呈先上升后下降趋势。

当尿素浓度大于 21g/L 时，浸出率的等值线近似直线，此条件下细菌接种量与尿素浓度的交互作用不显著，无论细菌接种量取何值，铜浸出率始终低于 55%；当细菌接种量大于 22%、尿素浓度低于 21g/L 时，细菌接种量与尿素浓度的交互作用显著，因此，考虑细菌接种量与矿浆浓度的交互作用，细菌接种量的合理取值范围为 22%～26%、尿素浓度的合理取值范围为 15～21g/L。

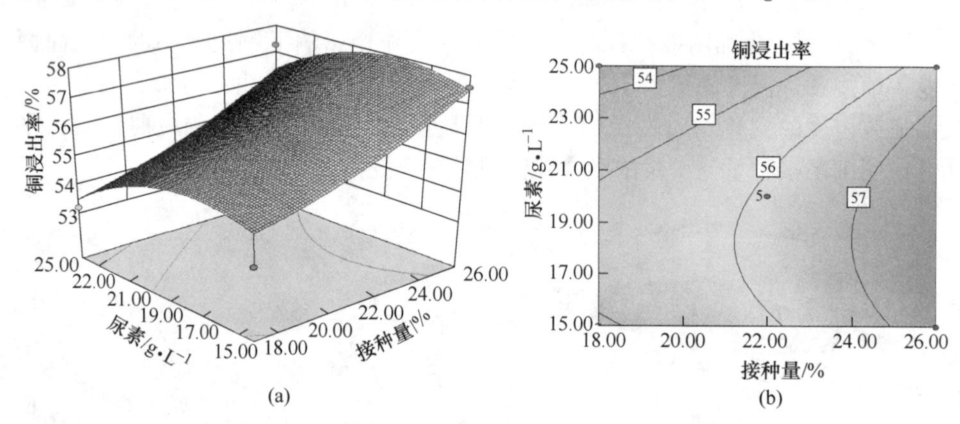

图 4-12　接种量与尿素浓度对浸出率的交互作用
（a）响应曲面图；（b）等值线图

F　矿浆浓度与尿素浓度对浸出率的交互作用

图 4-13 所示为矿浆浓度与尿素浓度交互作用影响下铜浸出率的响应曲面图及等值线图，温度固定为 32℃，细菌接种量固定为 22%。由图可知，矿浆浓度与尿素浓度的变化均对铜浸出率产生明显影响，但铜浸出率响应曲面较为平缓，说明矿浆浓度与尿素浓度的交互作用对铜浸出率的影响不显著。根据图中显示，矿浆浓度小于 3%、尿素浓度 17～21g/L 时，铜浸出率可达到最大值。

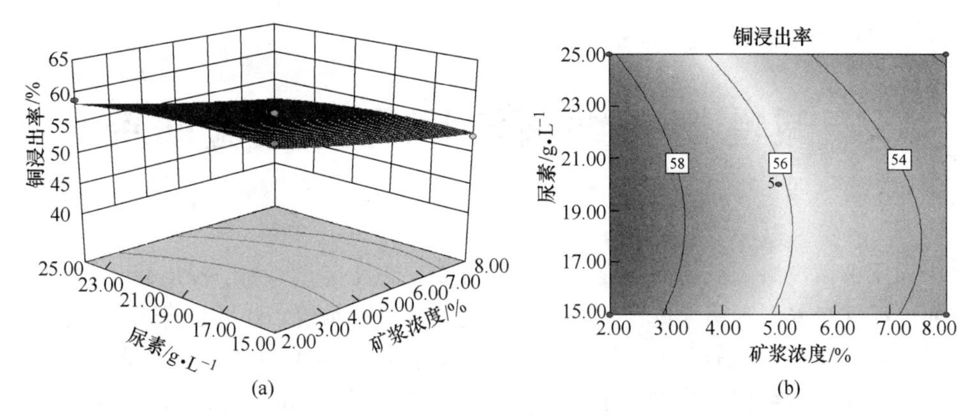

图 4-13　细菌矿浆浓度与尿素浓度对浸出率的交互作用

（a）响应曲面图；（b）等值线图

综上，基于各因素交互作用分析可知，当温度取 30~32℃，细菌接种量取 24%~26%，矿浆浓度取 2%~5%，尿素浓度取 15~21g/L 时，铜浸出率存在最大曲面响应值。

4.4.4　优化结果与验证

通过 Box-Behnken 试验对细菌浸铜进行优化，结合各因素交互作用分析，考虑到浸矿成本、效率等方面因素，在各影响因素数值变化范围内，获得细菌浸铜的优化方案，见表 4-11。

表 4-11　细菌浸铜参数优化设计

方案	温度/℃	细菌接种量/%	矿浆浓度/%w/v	尿素浓度/$g \cdot L^{-1}$	浸出率预测/%
优化方案	31.7	26	5	18.58	57.99

优化结果所示，最优细菌浸矿试验条件为：温度 31℃、细菌接种量 26%、矿浆浓度 5%、尿素浓度 18g/L，在该条件下铜的浸出率预测值为 57.99%。在优化条件下进行验证试验，得到铜浸出率分别为 57.18%、58.66%、59.3%，平均为 58.38%。结果表明，试验值和预测值吻合较好，说明铜浸出率的预测模型有效。

5 碱性产氨细菌浸铜行为试验研究

关于细菌浸出铜矿物的研究，目前多集中在酸性自养型细菌浸出硫化铜矿物方面。酸性自养型细菌通过代谢矿物中的硫元素与铁元素，获取自身生长所需的能量，并实现铜矿物的浸出，国内外学者对其浸矿行为机理进行了大量的研究，认为酸性自养型细菌浸出主要存在直接作用、间接作用和复合作用三种作用机理。本文研究的聚焦点为碱性异养型细菌浸出铜矿物，其浸出作用机理与酸性自养型细菌浸出具有本质的不同。异养型浸矿菌种生长依赖外界提供营养物质，而非自矿物本身，其浸矿作用通过其代谢产物与矿石发生反应实现浸出。但目前对于碱性异养型浸矿菌种的研究较少，对于其浸矿过程的行为机理研究更是鲜有报道。

为研究碱性产氨细菌浸铜过程的行为机理，本章通过设计不同的浸矿试验方法，开展了一步骤浸矿、二步骤浸矿与代谢产物浸矿试验，考察不同浸矿方式下铜矿物的浸出效果，并对浸出前后铜矿物的物相变化、颗粒形貌变化、孔裂隙发育进行研究，在试验结果的基础上对细菌浸矿行为进行分析，揭示细菌及其代谢产物对铜矿石浸出的影响，初步阐明了碱性产氨细菌浸出铜矿物的行为机理。

5.1 浸矿机理试验研究方法

5.1.1 浸矿试验方法

5.1.1.1 细菌一步骤浸出

细菌一步骤浸出过程是将浸出细菌接入培养液，同时将矿粉加入培养液，细菌的生长与浸出同步进行，此过程中细菌的生长代谢与浸出作用将受到矿石颗粒及其他有害成分的抑制，其具体实施步骤如下：

（1）为避免浸矿过程中其他微生物的干扰，浸出前对矿粉进行灭菌。将粒径为 38~75μm 的矿粉按照试验设计的矿浆浓度（1%、3%、5%、7%、9%）添加至锥形瓶中，包扎瓶口后置于高压灭菌锅中，在温度 120℃ 条件下高压灭菌 20min。

（2）以 20%的细菌接种量将浓度为 10^8 个/mL 的标准菌液接入灭菌后的尿素培养基中，制成细菌菌液，以此菌液为浸出液，分别添加 100mL 至锥形瓶中。

（3）在温度 30℃、初始 pH = 8、振荡速率 180r/min 条件下开展浸矿试验，浸出过程中监测溶液 pH 值以及铜离子浓度变化情况，并计算铜的浸出率。

5.1.1.2 细菌二步骤浸出

为避免浸出过程中矿浆对细菌生长代谢的抑制作用，采用二步骤浸出法进行细菌浸矿试验：首先进行细菌培养，待细菌生长到稳定期后，细菌的浓度基本稳定，其代谢产物大量集聚，此时加入矿粉开始浸出。细菌二步骤浸出的具体实施步骤如下：

（1）以 20%的细菌接种量将浓度为 10^8 个/mL 的标准菌液接入灭菌后的尿素培养基中，在温度 30℃、初始 pH = 8、振荡速率 180r/min 条件下对细菌进行培养，培养 56h 后细菌基本达到稳定期生长阶段，以此阶段的菌液作为浸矿菌液。

（2）为避免浸矿过程中其他微生物的干扰，浸出前对矿粉进行灭菌。将粒径为 38~75μm 的矿粉按照试验设计的矿浆浓度（1%、3%、5%、7%、9%）添加至锥形瓶中，包扎瓶口后置于高压灭菌锅中，在温度 120℃条件下高压灭菌 20min。

（3）添加 100mL 的浸矿菌液至锥形瓶中，在温度 30℃、振荡速率 180r/min 条件下开展浸矿试验，浸出过程中监测溶液 pH 值以及铜离子浓度变化情况，并计算铜的浸出率。

5.1.1.3 细菌代谢产物浸出

细菌代谢产物浸矿的具体实施步骤如下：

（1）以 20%的细菌接种量将浓度为 10^8个/mL 的标准菌液接入灭菌后的尿素培养基中，在温度 30℃、初始 pH = 8、振荡速率 180r/min 条件下对细菌进行培养，培养 56h 后细菌基本达到稳定期生长阶段，对菌液进行过滤除菌，获得的过滤液即为细菌的代谢产物溶液。

（2）浸出前对矿粉进行灭菌，将粒径为 38~75μm 的矿粉按照试验设计的矿浆浓度（1%、3%、5%、7%、9%）添加至锥形瓶中，包扎瓶口后置于高压灭菌锅中，在温度 120℃条件下高压灭菌 20min。

（3）添加 100mL 的细菌代谢产物溶液至锥形瓶中，在温度 30℃、振荡速率 180r/min 条件下开展浸矿试验，浸出过程中监测溶液 pH 值以及铜离子浓度变化情况，并计算铜的浸出率。

5.1.2 细菌吸附试验

细菌中的蛋白质可与茚三酮发生显色反应，通过茚三酮反应测定矿石表面吸附细菌的蛋白质含量，进而求得吸附细菌数量，具体方法如下：

（1）取浸出过程中的矿粉装入无菌烧杯中，加入 0.5mol/L 的 NaOH 溶液

20mL，混合均匀后在100℃的条件下水浴加热25min。取上清液2mL，冷却后用0.5mol/L的HCl溶液中和至pH值为7，制成细菌裂解液。

（2）取一已灭菌的试管，吸取2mL细菌裂解液加入试管，同时加入1mL茚三酮显色剂，混合均匀，试管口用封口膜扎紧。

（3）将上述混合液水浴中加热20min后冷却，然后取3mL混合液，用紫外分光光度计测定溶液在562nm波长处的吸光值。

（4）测量不同细菌浓度下茚三酮反应产物的吸光值，获得吸光值与细菌浓度的标准曲线，通过与标准曲线对比确定吸附细菌的数量。

5.2　不同浸矿方式的浸出效果分析

5.2.1　细菌一步骤浸出效果

细菌一步骤浸出时，矿石的浸出与细菌的生长代谢同步进行，在不同矿浆浓度条件下，细菌浸矿结果如图5-1所示，浸矿体系中pH值变化如图5-2所示。

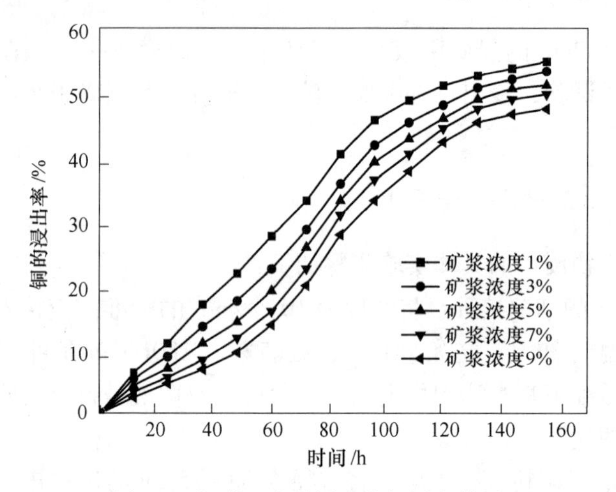

图5-1　细菌一步骤浸出的铜浸出效果

根据图5-1可知，铜的浸出率随矿浆浓度的升高而降低，矿浆浓度为1%时铜的浸出率最高，浸出156h后达59.16%。不同矿浆浓度条件下，铜浸出率的增长速度均呈先上升后下降趋势，浸出初期铜浸出率增长缓慢，浸出36h后铜的浸出速率明显提升，至浸出后期，铜的浸出率不再明显提升。

细菌生长对铜浸出率的变化具有直接影响。浸出初期，细菌生长处于迟滞期，细菌的生长及代谢活动缓慢，铜的浸出速率较低，且矿浆浓度愈高，铜浸出率增速愈慢。异养型细菌通过分泌代谢产物与矿石发生反应实现矿石的浸出，浸出初期，代谢产物集聚较少，故浸出反应缓慢。矿浆浓度增加，一方面增强了对细菌生长代谢的抑制；另一方面降低了反应体系中浸出剂与矿石的液固比，不利于浸出反应速率的提升，故表现为矿浆浓度愈高，铜浸出率增速愈慢。浸出 36h 后，铜的浸出速率明显提升，不同矿浆浓度下细菌的生长状态均基本脱离迟滞期，进入快速生长代谢的对数期，细菌分泌的代谢产物迅速集聚并不断与矿石发生反应，使铜浸出率快速升高。浸出 120h 后，铜浸出率增速放缓，至浸出后期铜浸出率不再明显上升。

细菌一步骤浸矿过程中浸出体系 pH 值变化如图 5-2 所示。不同矿浆浓度下 pH 值变化趋势基本相同，浸出初期，随着细菌生长代谢活动的进行 pH 值迅速上升，浸出 48h 后 pH 值在 9.4~9.6 之间浮动。矿浆浓度对于 pH 值变化影响不明显，不同矿浆浓度下溶液最大 pH 值均在 9.5~9.6 之间，说明浸出过程中矿浆对细菌代谢产物的生成未产生明显的抑制。细菌代谢产氨是体系 pH 值升高的主要原因，而根据 2.3.5 节结论可知 pH 值大于 10 时细菌活性会受到明显抑制，因而细菌代谢产氨带来的 pH 值上升始终未超过 10，并在 9.4~9.6 间保持平衡。浸出后期，细菌赖以生长的营养物质被逐渐消耗殆尽，不再大量产氨，体系 pH 值有所下降，但浸出体系内 OH^- 离子并未消耗，体系 pH 值未大幅度下降。

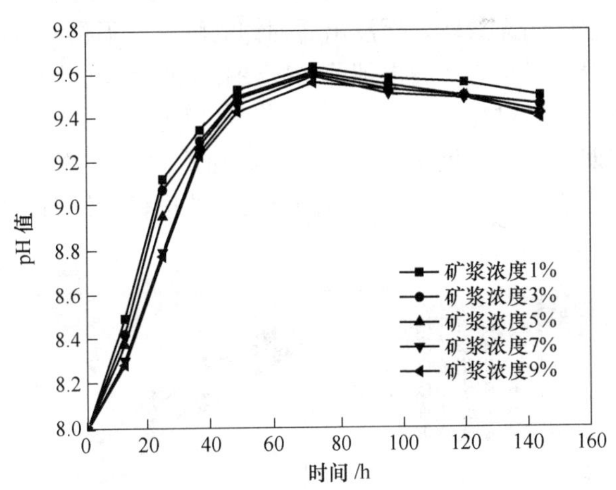

图 5-2 细菌一步骤浸出时溶液 pH 值变化

5.2.2 细菌二步骤浸出效果

细菌二步骤浸出，首先进行细菌培养，待细菌生长到稳定期后，按照试验设计加入不同质量的矿粉，不同矿浆浓度条件下细菌二步骤浸出效果如图 5-3 所示。

铜的浸出率随矿浆浓度的升高而降低，矿浆浓度为 1%时铜的浸出率最高，浸出 156h 后达 62.86%。由于添加矿粉至浸出液时细菌生长已达对数期，其代谢产物氨已大量集聚，因此浸出初期铜的浸出率迅速上升。随浸出反应的进行，细

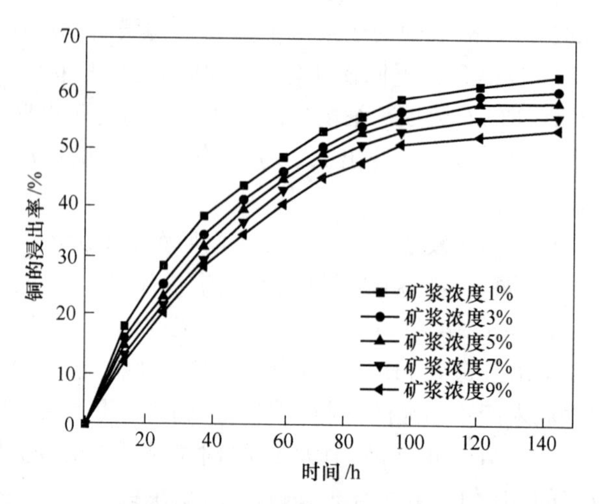

图 5-3　细菌二步骤浸出的铜浸出效果

菌浓度不断降低，溶液内的氨被大量消耗，导致浸出反应速度降低，在浸出 96h 后铜浸出率增长速度明显放缓，至浸出后期铜的浸出率不再明显增加。

细菌二步骤浸出时浸出溶液内细菌浓度变化如图 5-4 所示。添加矿粉前，细菌处于纯培养状态，经过短暂的迟缓期，细菌迅速进入对数期状态，并于 16h 后达到生长的稳定期，细菌浓度最高。此时，添加不同质量的矿粉至浸出溶液中，加入矿粉后，细菌浓度呈下降趋势，随浸出反应的进行，细菌浓度下降速度不断加快。

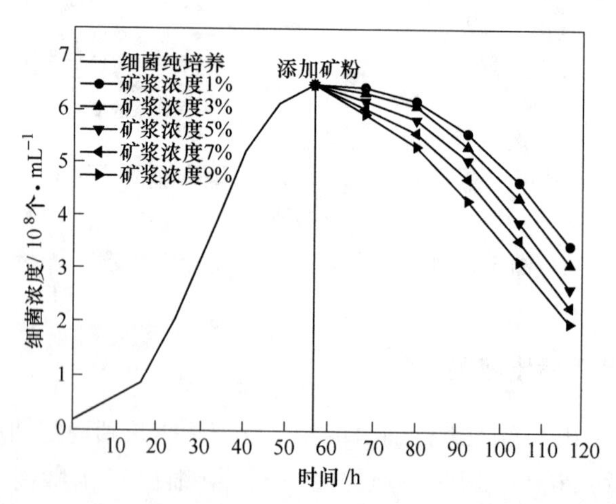

图 5-4　细菌二步骤浸出时细菌浓度变化

浸出液中细菌浓度下降主要有三方面原因：一是细菌于矿石颗粒表面的吸附；二是有害成分的毒害作用；三是细菌生长周期的影响。在细胞胞外多糖及蛋白质的作用下，细菌可吸附于矿石颗粒表面，矿浆浓度越高，矿石颗粒质量越大，相同粒径条件下其颗粒比表面积也越大，细菌的吸附量也越高，因而在添加矿粉后，矿浆浓度越高，细菌浓度降低越大。随浸出反应的快速进行，大量有害离子被释放，细菌生长环境改变，导致细菌不断死亡；同时，细菌生长逐渐由稳定期向衰亡期过渡，生长周期的影响导致细菌浓度降低速度不断加快。

浸出过程中，细菌浓度的下降未对铜浸出率变化产生明显影响。浸出初期，伴随着细菌浓度下降，铜浸出率迅速上升，说明在浸出反应过程中，细菌的代谢产物主导反应的进行；浸出后期，细菌营养基质消耗殆尽，细菌生长代谢活动停止，随代谢产物的消耗铜的浸出逐渐停止。

5.2.3 细菌代谢产物浸出效果

细菌代谢产物浸出，首先将处于稳定生长期的菌液进行过滤除菌，获得的无菌的过滤液即为细菌的代谢产物溶液，按照试验设计加入不同质量的矿粉，不同矿浆浓度条件下细菌浸出效果如图 5-5 所示。

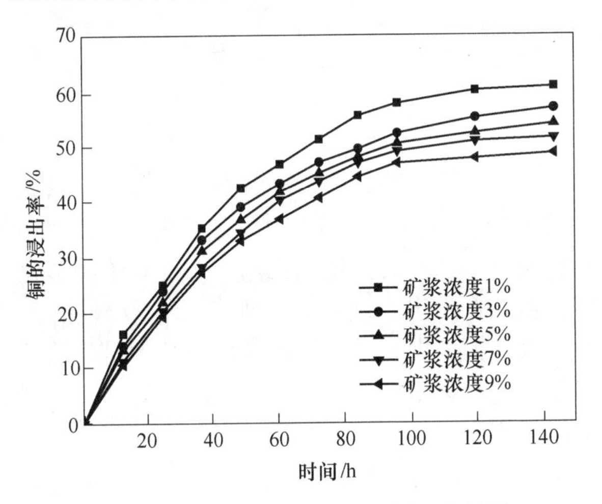

图 5-5 细菌代谢产物浸出的铜浸出效果

细菌代谢产物浸出过程中，铜的浸出率随矿浆浓度的升高而降低，浸出体系中浸出液与矿粉的液固质量比越高，铜的浸出效果越好。而在浸出溶液量一定的情况下，增加矿浆浓度意味着降低浸出体系的液固比，单位质量矿粉对应的浸出剂质量降低，导致铜的浸出率下降。矿浆浓度为 1%时铜的浸出率最高，浸出 156h 后达 60. 5%。

由于添加矿粉至浸出液时细菌代谢产物大量集聚，因此浸出初期铜的浸出率迅速上升。随浸出反应的进行，代谢产物消耗，导致浸出反应速度降低，在浸出 96h 后铜浸出率增长速度明显放缓，至浸出后期铜的浸出率不再明显增加。

5.3　浸出前后复杂铜矿石颗粒性质变化

5.3.1　浸出前后铜矿石物相变化

现有的研究成果表明，在氨浸体系中，自由氧化铜容易被浸出，结合氧化铜由于与硅质等脉石矿物结合难以被浸出，故硫化铜矿物可在溶解氧的氧化作用下部分被浸出。碱性细菌浸矿体系中，铜矿石的浸出主要通过与细菌的代谢产物氨反应实现。以矿浆浓度5%条件下的浸渣为研究对象，考察浸出后不同物相铜矿石的含量变化，结果见表5-1。

表5-1　浸出前后铜物相变化分析

铜物相	占有率/%	铜浸出率/%		
		一步骤浸矿	二步骤浸矿	代谢产物浸矿
游离氧化铜	34.75	68.6	72.2	66.6
结合氧化铜	28.53	62	65.1	61
原生硫化铜	29.22	27.5	29.3	26.1
次生硫化铜	7.5	71.4	76	73
铜总浸出率		55.16	58.1	53.8

由表5-1可知，不同浸矿方式下各物相铜的浸出效果均表现为：次生硫化铜矿浸出率最高，超过70%，游离氧化铜矿与结合氧化铜矿的浸出率次之，原生硫化铜的浸出率最低。浸出体系中的次生硫化铜，在铜离子的催化下，容易与浸出液中的氧发生反应，被氧化浸出，这与刘少雄[147]的氨浸低品位复杂硫化铜矿的研究结果一致。游离氧化铜，即自由氧化铜，矿物结构组成简单，易与氨发生络合反应，通过与细菌代谢产物氨反应，大量的游离氧化铜矿被浸出，二步骤浸矿过程中游离氧化铜浸出率最高，达72.2%。

由于硅质、铁质、钙质等脉石结合形成难以解离的晶体，因此结合氧化铜矿在普通的氨浸过程中难以被浸出，但根据表5-1结果，在不同浸出方式下，均有超过60%的结合氧化铜被浸出。Avakyan[115]的研究表明，尿素八叠球菌可通过分解尿素产氨，使溶液呈强碱性，导致硅氧键断裂，使硅离子被释放，实现矿物的浸出，这也解释了本试验过程中结合氧化铜被大量浸出的原因。同时，对比二步骤浸矿与代谢产物浸矿的结合氧化铜矿浸出率可知，有菌存在条件下结合氧化铜矿浸出率更高，表明结合氧化铜的浸出不仅与细菌的代谢产物氨有关，细菌对矿物的直接作用也促进了铜的浸出，细菌可通过胞外多糖及蛋白质等有机物吸附于矿石颗粒表面，对矿石产生侵蚀作用，并可能与部分金属离子络合促进矿物的浸出。

由表5-1可知，不同浸矿方式下均仅有少部分原生硫化铜被浸出。原生硫化铜的浸出与浸出液的氧化能力有关。刘志雄[146]开展了氨浸体系中添加过硫酸盐作为氧化剂浸出原生硫化铜矿的研究。结果表明，强氧化剂促进了原生硫化铜矿的高效浸出。由此可知，碱性细菌浸铜体系中，溶解氧的氧化能力较弱，原生硫化铜的氧化浸出效率较低，且代谢产物浸出原生硫化铜较有菌条件下的浸出效果好，有菌条件下细菌耗氧导致浸出液氧含量减少，进一步影响了原生硫化铜矿的氧化浸出效果。

5.3.2　浸出前后矿石表面形貌变化

收集不同浸出方式下浸出试验的矿渣，洗涤干燥处理后，开展 SEM-EDS 试验，并与浸出前矿石的表面形貌进行对比分析，考察浸出前后矿石表面形貌变化。

如图 5-6 所示为浸出前后矿石表面形貌的 SEM 图。浸出前矿石表面平整，孔裂隙发育较少，颗粒形状完整、棱角分明，如图 5-6（a）所示。不同浸矿方式浸出后，矿石颗粒表面均被明显侵蚀，具体表现为颗粒表面凸凹不平、结构松散，

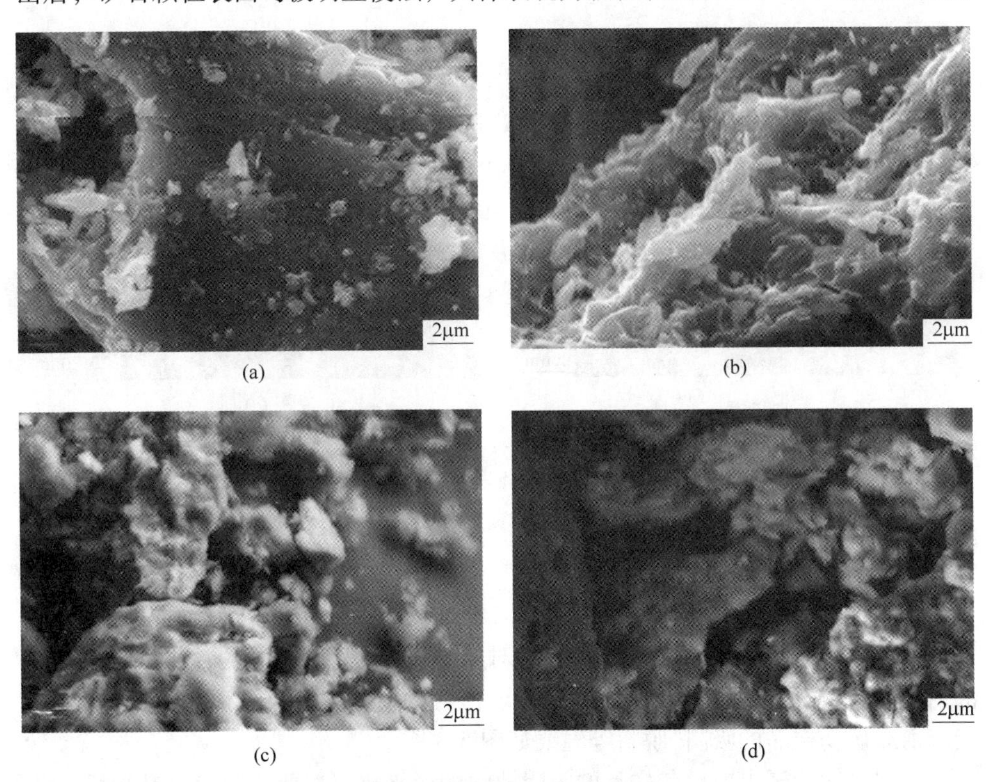

图 5-6　细菌浸出前后矿石颗粒形貌 SEM 图

（a）浸出前矿石颗粒形貌；（b）一步骤浸出后矿石颗粒形貌；
（c）二步骤浸出后矿石颗粒形貌；（d）代谢产物浸出后矿石颗粒形貌

孔裂隙明显发育，如图 5-6（b）~（d）所示。浸出前，矿石表面粗细颗粒分布均匀，表面规整，浸出后矿石表面细颗粒明显减少，并出现大量的细菌溶蚀痕迹，如图 5-7 所示。对比图 5-6（b）~（d）可知，一步骤浸出与二步骤浸出后矿石颗粒表面侵蚀程度较代谢产物浸出强，表面出现明显的侵蚀凹槽，其原因在于一步骤浸出与二步骤浸出过程中有细菌参与，细菌可通过胞外多糖与蛋白吸附于矿石颗粒表面，产生侵蚀作用，出现侵蚀凹槽。

(a)　(b)　(c)　(d)

图 5-7　矿石及浸渣的 SEM 图

5.3.3　浸出前后矿石比表面积变化

采用低温氮吸附法测试矿石样品的比表面积以及孔隙分布，液氮温度下，氮气在固体表面的吸附量取决于氮气的相对压力 p/p_0，其中，p 为氮气分压；p_0为液氮温度下氮气的饱和蒸汽压。以氮分子作为吸附质，在液氮温度下进行吸附，浸出前后矿物样品的吸附-脱附等温线如图 5-8 所示。

由图可知，浸出前后各样品的吸附曲线的形态相似，曲线前段上升缓慢，此阶段为氮单层吸附过程向多分子层吸附的过渡，后段曲线急剧上升，表明随着相对压力 p/p_0的增加，颗粒表面出现多层吸附。浸出前后矿样的吸附曲线与脱附曲

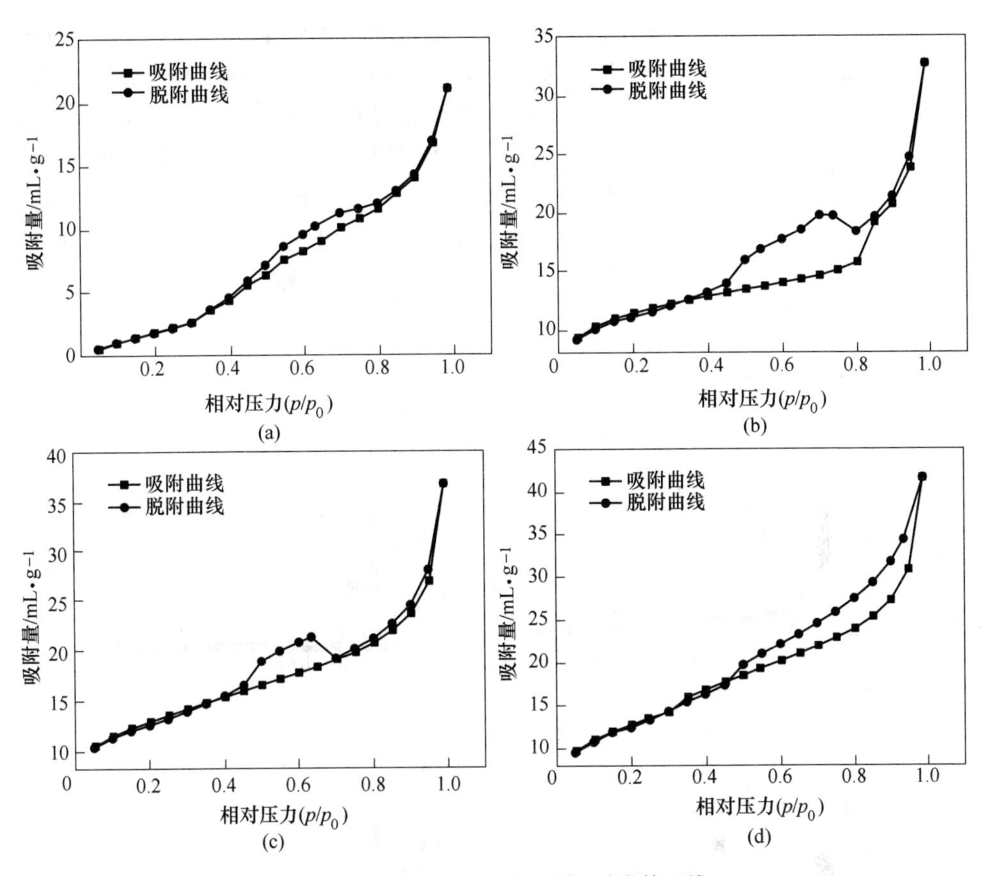

图 5-8 浸出前后矿石氮吸附-脱附等温线

(a) 浸出前矿石吸附等温线；(b) 一步骤浸出后浸渣吸附等温线；
(c) 二步骤浸矿后浸渣吸附等温线；(d) 代谢产物浸出后浸渣吸附等温线

线在 p/p_0 为 0.4~1 的区间内均出现了滞后环，即在脱附过程中，随着压力的降低，相同压力条件下氮气的脱附量大于吸附量。产生此现象的原因是由于矿石颗粒内发生了毛细凝结，在颗粒的毛细孔中，吸附过程形成的凹液面上的蒸汽压力小于平液面上的饱和蒸汽压，蒸汽将在凹液面上发生凝结形成液体，且孔径越小，形成的凹液面曲率半径越小，在孔中形成凝聚液所需的相对压力 p/p_0 也较小，故毛细凝结的发生是由小孔逐渐向大孔扩展，随着压力的增大，产生凝结的毛细孔孔径也越来越大。在降压脱附过程中，降低相对压力 p/p_0，则大孔中的凝聚液将首先脱附；随着相对压力的降低，分布在孔中的凝聚液将从大孔至小孔分别被脱附出来。因此，样品中出现毛细凝聚现象，说明样品中孔裂隙发育，存在一定量的毛细孔及大孔。

对矿石氮吸附-脱附等温线进行数据分析，考察浸出前后矿石颗粒内部孔径分布情况，以揭示颗粒内部孔隙发育规律，结果如图 5-9 所示。浸出前矿石样品孔体积分布图主要存在 1 个波峰，如图 5-9（a）所示，表明矿石颗粒中，孔隙的孔径主要集中在 30~60nm 之间，孔体积分布量约为 8×10^{-4}mL/(g · nm)；浸出后，矿石内部孔径分布发生了变化，孔径分布图中均出现了至少 2 个波峰，孔体积分布量也大大增加，如图 5-9（b）~（d）所示。与浸出前对比，浸出后孔径为 30~50nm 的孔隙量大大增加，不同浸矿方式浸出后，其孔体积分布量均超过 1×10^{-3}mL/(g · nm)；图中，孔径为 10~25nm 区间内的出现波峰，说明浸出后颗粒内部大量出现了孔径小于 25nm 微孔隙。

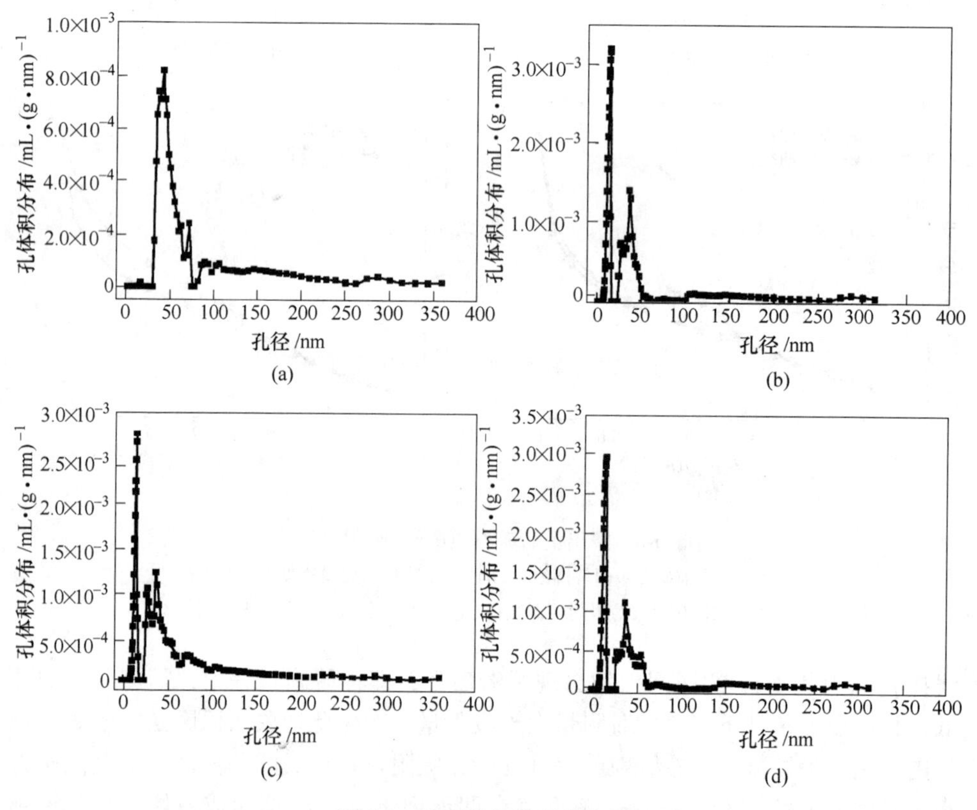

图 5-9　矿石样品孔径分布图

（a）浸出前矿石内部孔径分布；（b）一步骤浸出后矿石内部孔径分布；
（c）二步骤浸出后矿石内部孔径分布；（d）代谢产物浸出后矿石内部孔径分布

浸出作用下，矿石颗粒内部的孔裂隙发育导致颗粒比表面积及孔体积发生变化，考察浸出前后矿石样品的比表面积及孔隙发育情况，结果见表 5-2。

浸出前矿石颗粒内部存在孔隙结构，其比表面积为 11.8m^2/g，孔的总体积为 3.25×$10^{-2}$$cm^3$/g。经不同浸出方式浸出后，矿石颗粒的比表面积与孔体积均明显增大。矿石颗粒内部存在着大量的孔隙结构，浸出过程中，浸出液与矿物发生

浸出反应，矿石颗粒表面受到侵蚀的同时，浸出液通过已有的孔裂隙进入颗粒内部，与矿物发生反应，颗粒内部的孔裂隙进一步发育，在此作用下原有孔隙的连通性也得到改善，使颗粒的比表面积与内部孔体积显著提高。

表 5-2 浸出前后矿样比表面积及孔体积变化

氮吸附测试	比表面积/$m^2 \cdot g^{-1}$	孔总体积/$cm^3 \cdot g^{-1}$
原矿石颗粒	11.8	3.25×10^{-2}
一步骤浸出矿样	42.49	5.65×10^{-2}
二步骤浸出矿样	44.42	6.4×10^{-2}
代谢产物浸出矿样	37.19	5.03×10^{-2}

由表 5-2 可知，浸出后，矿石颗粒的孔裂隙增多，比表面积增大，矿样比表面积由大到小分别为：二步骤浸出矿样>一步骤浸出矿样>代谢产物浸出矿样。结果表明，浸出过程中存在细菌时，矿石颗粒的比表面积更大，由此可以推断，矿石不仅受到细菌代谢产物的侵蚀，细菌也存在对矿石的直接侵蚀作用，细菌吸附在矿石表面或通过孔裂隙进入颗粒内部，对矿石产生直接侵蚀。有菌浸出条件下，浸出后矿样比表面积最高为 44.42m^2/g，而代谢产物浸出后矿样的比表面积为 37.19m^2/g。可以看出，浸出过程中，细菌对矿石颗粒存在直接侵蚀作用；但直接侵蚀作用较弱，细菌的代谢产物对矿石的侵蚀起主导作用。对比二步骤浸出与一步骤浸出可知，二步骤浸出后矿样的比表面积略大于一步骤浸出后的矿样；二步骤浸出过程中，细菌生长代谢未受矿石抑制作用的影响，细菌浓度较高、活性较好，细菌的直接侵蚀作用较一步骤浸出更强。矿石颗粒的孔裂隙发育导致颗粒内部孔体积的增大，因此颗粒内部孔总体积大小表现出与比表面积相同的趋势，比表面积越大，孔的总体积也越大，矿样孔总体积由大到小分别为：二步骤浸出矿样>一步骤浸出矿样>代谢产物浸出矿样。

综上可知，细菌 JAT-1 浸出矿石的过程中，细菌对矿石颗粒存在直接侵蚀作用，但直接侵蚀作用较弱，细菌的代谢产物对矿石的侵蚀起主导作用。侵蚀作用下，矿石孔裂隙发育明显，矿石颗粒的比表面积与孔体积表现出相同的增大趋势。

5.4 碱性产氨细菌浸矿行为分析

5.4.1 细菌直接与间接浸出行为分析

细菌浸矿试验采用不同的浸矿方式，以有无细菌参与浸矿区分细菌直接浸出与细菌间接浸出。细菌一步骤浸出与二步骤浸出有细菌参与反应属于细菌直接浸出，细菌代谢产物浸出无细菌参与浸出反应，通过细菌的代谢产物浸出为间接浸出。通过对比不同浸出方式的浸出效果，分析浸矿过程的细菌的直接浸出与间接浸出作用。不同浸出方式浸矿效果对比如图 5-10 所示。

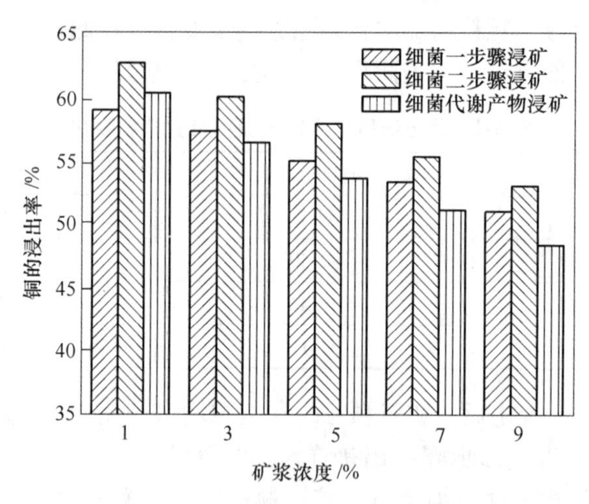

图 5-10　不同浸出方式浸矿效果对比

由图 5-10 可知，不同的矿浆浓度下，三种不同浸矿方式的浸出率均随矿浆浓度的升高而降低。前文 2. 4. 2 节中针对矿浆浓度对细菌浸出效果的影响进行了分析，矿浆浓度对细菌浸出的影响主要表现为三方面因素：（1）矿浆对细菌生长代谢具有抑制作用；（2）矿石颗粒在搅拌过程中对细菌细胞具有剪切破坏效果，矿浆浓度升高导致浸出液溶氧量降低；（3）高浓度矿浆条件降低浸出液与矿石的液固质量比。不同浸矿方式矿浆浓度对浸出的影响不同，细菌一步骤浸出过程同时受到以上三方面因素影响，二步骤浸出时主要受到二、三因素的影响，而细菌代谢产物浸出仅受第三因素影响。

细菌直接浸出时，不同的矿浆浓度下，细菌的二步骤浸出效果始终优于细菌的一步骤浸出效果。细菌二步骤浸出时，细菌的生长及代谢已处于细菌生长周期的稳定期，浸出液中细菌浓度及代谢产物浓度均达到顶峰，浸出过程可忽略。而一步骤浸出过程中，受浸出环境影响，细菌的生长代谢受到抑制，因而表现出浸出效果弱于二步骤浸出。

通过对比有菌参与反应与无菌参与反应的浸出过程，考察细菌的直接浸出行为与间接浸出行为。当矿浆浓度较低时，细菌代谢产物浸出效果优于细菌一步骤浸出，但当矿浆浓度大于 5%时，细菌一步骤浸出的铜浸出率反而高于细菌代谢产物浸出；不同矿浆浓度下细菌二步骤浸出的铜浸出率均高于细菌代谢产物浸出效果。说明细菌浸出过程主要由细菌的代谢产物浸出作用主导，同时存在细菌对矿石直接作用，促使铜离子的溶解、浸出。随矿浆浓度升高，细菌二步骤浸出与细菌代谢产物铜浸出率差值加大，表明细菌对矿石的直接浸出作用随矿浆浓度的升高而增强，矿浆浓度的升高增大了矿石颗粒与细菌接触的比表面积，促使细菌与矿石产生更多的直接接触，强化了细菌浸出的直接作用。

综上可知，细菌 JAT-1 浸出铜矿石的过程中，存在细菌对矿石的直接浸出作用以及细菌通过代谢产物对矿石的间接浸出作用，而细菌浸铜效果主要由细菌间接浸出作用决定，即细菌代谢产物的浸出作用。

5.4.2　浸出过程中细菌的吸附行为

通过上文分析可知，在浸出过程中碱性产氨细菌 JAT-1 存在对矿石的直接浸出作用，已有研究表明浸矿细菌的直接浸出作用是通过细菌吸附在矿石表面实现的[103]，因此，通过研究细菌 JAT-1 在矿石表面的吸附特性，结合有菌（细菌二步骤浸出）与无菌（细菌代谢产物浸出）条件下矿石的浸出效果，考察细菌的吸附行为及对浸出的影响。

考察细菌二步骤浸出过程中细菌的吸附行为，将 5g 矿粉加入稳定期的菌液后，矿石表面吸附细菌数量随时间的变化如图 5-11 所示。细菌在矿石表面的吸附量随时间呈先上升后下降趋势。浸出初期，细菌逐渐在矿石颗粒表面吸附集聚，在浸出 2d 后细菌的吸附量达到最大值。随时间推移，浸出液中供给细菌生长的营养物质逐渐消耗殆尽，浸出液中细菌浓度不断降低，细菌生长逐渐进入衰亡期，吸附于矿石表面的细菌细胞破裂死亡，导致吸附量降低。

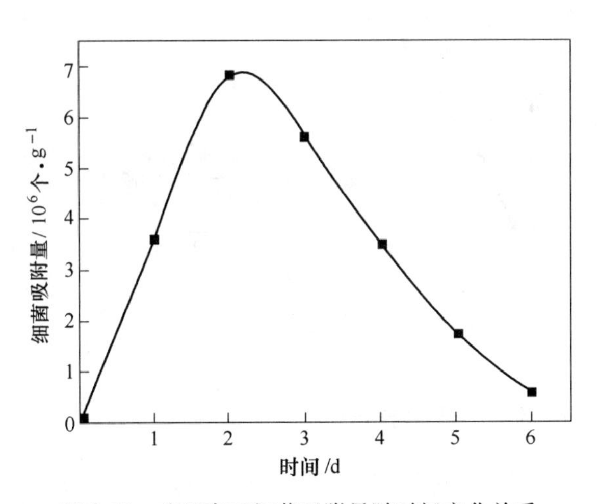

图 5-11　矿石表面细菌吸附量随时间变化关系

细菌在矿石表面的吸附可以通过直接接触吸附，也可以通过细菌的胞外多糖或蛋白等有机物作为中间桥梁间接接触吸附，因此，细菌表面的疏水性、表面电荷、胞外多糖及蛋白在细菌吸附过程中具有重要作用。同时，细菌吸附也会受到细菌浓度、菌体尺寸等生物因素以及 pH 值、温度、离子强度等环境条件的影响。细菌吸附于矿石表面，其分泌的多糖、氨基酸等多种有机物将与矿物产生相互作用，并改变其表面性质与结构。有研究发现[148]，在微生物代谢活动过程中，矿物作为其所需的电子受体，表面不断受到侵蚀，导致矿物表面结构破坏、溶解。谢先德[149]的研究也表明细菌在矿物表面的吸附直接导致了矿物的溶解和沉淀。本书5.3.3节关于浸出前后矿石比表面积的分析结果显示，通过对比细菌直接浸出与细菌代谢产物浸出，有菌参与的浸出反应中，浸出后矿石比表面积增大，证明细菌对矿石存在直接的侵蚀作用。

细菌对矿石结构的侵蚀和破坏将进一步促进矿物与浸出剂的反应，进而影响目标离子的浸出，图5-12所示为在相同条件的浸出过程中，细菌JAT-1在铜矿石表面吸附对铜浸出的影响。浸出前期，细菌逐渐吸附于矿石表面，这一阶段有菌浸出与无菌浸出的铜浸出率没有明显差异。浸出48h后，随细菌吸附量达到最大，如图5-11所示，细菌对矿石的直接侵蚀作用逐渐对铜浸出产生积极影响。细菌的直接侵蚀加剧了矿石表面孔裂隙发育，促进了矿石与细菌代谢产物氨的接触与反应，最终导致有菌浸出条件铜浸出率高于无菌条件下的铜浸出率。

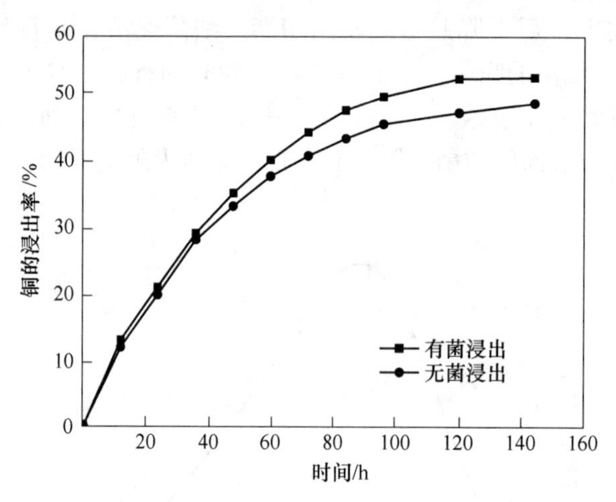

图5-12　细菌吸附对铜浸出的影响

5.4.3　细菌代谢产物浸出作用分析

细菌JAT-1浸出铜矿的过程中，主要通过细菌的代谢产物与矿石发生反应实现浸出，代谢产物中的氨为主要浸出剂。为考察细菌代谢产物的浸出作用，开展氨水化学浸出试验，通过试验结果对比，分析细菌代谢产物的浸出作用及优势。

化学浸出采用与细菌代谢产物浸出条件相同的试验条件，以氨水作为浸出剂，考察在氨水浸出过程中铜的浸出率。根据3.4节中获得的细菌产氨量数据可知，细菌纯培养过程中产氨量最大达15g/L，故化学浸矿过程中浸出剂的浓度确定为15g/L。

矿浆浓度为5%时细菌代谢产物浸出与化学浸出效果对比分析如图5-13所示。浸出初期，在细菌代谢产物的作用下，浸出反应迅速，铜浸出率迅速升高，化学浸出过程中，铜浸出率上升缓慢，浸出152h后细菌代谢产物浸铜率超过50%，而化学浸出的铜浸出率仅为30%。结果表明，在相同情况下，碱性产氨细菌浸出复杂氧化铜矿较氨浸处理具有明显优势。

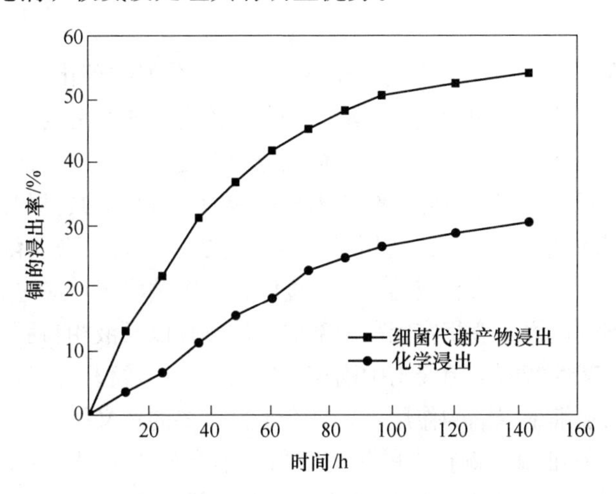

图 5-13 细菌代谢产物浸出与化学浸出对比

细菌JAT-1主要通过分解尿素产氨与矿石发生反应实现浸出，而由化学浸矿结果可知，仅在氨的浸出作用下，浸出反应速率较慢、矿石的铜浸出率较低，说明在细菌代谢产物浸出过程中，不仅代谢氨，而且存在其他代谢产物参与浸出反应过程。细菌代谢分泌有机化合物，这些化合物含有大量可与金属配位的活性基团，与矿物中的金属离子配位络合形成络合物或螯合物。螯合物的形成过程破坏了溶液中离子的溶解平衡，进一步促进了代谢产物对矿物表面的溶蚀以及矿物结构的破坏，促进了矿物表面孔裂隙的发育。矿石表面孔裂隙发育，形成大量的浸出反应通道，进一步强化了代谢产物氨与铜离子的络合作用。

6 产氨细菌浸铜固-液作用及反应动力学

细菌浸出铜矿物的过程是通过固相与液相的一系列物理化学反应作用实现的，其中固相为矿石颗粒，液相为浸出溶液，浸出溶液是浸矿细菌与浸出剂的载体，通过固相与液相的相互作用，矿石中的目标成分溶解迁移至浸出溶液中。固相与液相的作用过程始于固液两相的接触，终于固相的侵蚀、溶解，其过程涉及液相成分在固相表面及内部的吸附、扩散，液相对固相的侵蚀以及固相物理化学性质的变化，是一个复杂的反应过程。从反应动力学角度解释，细菌浸出反应过程包含液相在固相表面层膜的扩散过程、液相在固相内部的扩散过程以及液相与固相的化学反应过程。因此，研究碱性产氨细菌浸出中固相与液相的作用过程、分析作用过程的动力学机理，对于揭示细菌浸铜的作用机理具有十分重要的意义。

基于碱性产氨细菌浸铜行为的研究结果，本章分析了浸出溶液及浸矿细菌在矿石表面的吸附过程，研究了液相成分对矿石的侵蚀作用机理，阐述了侵蚀作用下矿石形貌结构的变化发展规律；通过构建异养型细菌浸铜固液反应动力学模型，分析了产氨细菌浸铜动力学机理，揭示了细菌浸出过程中固相与液相反应作用的控制步骤，获得了浸出反应的表观活化能，从固液作用及反应动力学角度揭示了产氨细菌浸出铜矿的过程机理。

6.1 浸出过程的固液作用机理

6.1.1 浸出液在矿石表面的吸附

浸出过程的固液作用始于浸出液与矿石颗粒的接触。浸出液与矿石颗粒接触并吸附于矿石表面，其实质为固-液界面逐渐替代固-气界面的过程，这一过程可描述为溶液在矿石表面沾湿行为与溶液在矿石表面的铺展行为，如图 6-1 所示。

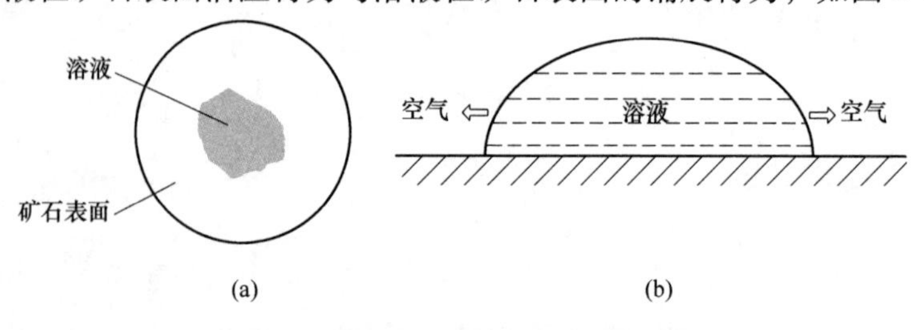

图 6-1　浸出液在矿石表面的吸附过程

（a）溶液在矿石表面沾湿；（b）溶液在矿石表面铺展

6.1.1.1 溶液在矿石表面的沾湿行为

沾湿行为过程是固-液界面取代固-气界面和气-液界面的过程。浸出溶液初始与矿石颗粒接触，溶液仅分布在矿石颗粒表面的部分区域，如图 6-1（a）所示，此时，矿石表面并未与浸出液完全接触，浸出液处于非饱和吸附状态。沾湿接触过程可通过固-液接触时表面自由焓变化 ΔG 表示，在未吸附前，固-气界面与气-液界面的总自由能为 $\sigma_{s-g}+\sigma_{l-g}$，吸附后固-气界面与气-液界面被固-液界面所代替，表面自由能为 σ_{s-l}，如式（6-1）所示。

$$\Delta G = \sigma_{s-l} - \sigma_{s-g} - \sigma_{l-g} \tag{6-1}$$

式中 ΔG——表面自由焓；

σ_{s-l}——固-液表面自由能；

σ_{s-g}——固-气表面自由能；

σ_{l-g}——气-液表面自由能。

溶液在颗粒表面的沾湿吸附过程中，当 $\Delta G<0$ 时，说明在沾湿吸附过程表面自由焓降低，同时也意味着体系对外做功，而体系对外做功越大，浸出溶液在矿石颗粒表面吸附得越牢固。

6.1.1.2 溶液在矿石表面的铺展行为

溶液在矿石表面黏附后，会逐渐在颗粒表面铺展开来，溶液在表面的吸附由非饱和状态逐渐变为饱和状态，如图 6-1（b）所示。在恒温恒压条件下，当溶液在矿石表面铺展面积增大一个单位面积时，体系对外做功，用表面自由焓降低表示，如式（6-2）所示。

$$W_s = \sigma_{s-g} - \sigma_{s-l} - \sigma_{l-g} \tag{6-2}$$

式中 W_s——体系对外做的功。

当 $W_s>0$ 时，说明在铺展过程中体系对外做功，处于能量释放的过程，可认为溶液在矿石表面上能够自动铺展；W_s 越大，铺展行为能力越强。浸出过程中，外力作用会促进溶液在矿石颗粒表面的铺展，如浸出过程中的搅拌行为，为溶液在表面铺展提供外在的驱动力，促使溶液与颗粒表面的吸附，进而提升浸出反应效果。

由以上分析可知，溶液在矿石表面的吸附与固-液、固-气以及气-液界面相互作用自由能密切相关[150]，表面自由能是分子间力的一种直接证明，矿石的表面自由能与矿物的湿润性、吸附性和界面动力学特征等均有直接的关系。矿物表面的自由能可通过溶液在矿物表面的接触角反映，接触角越大，矿物表面自由能越高。当溶液与固体接触时，气-液界面与固-液界面之间的夹角，即接触角[151]，如图 6-2 所示。接触角是气液、固气、液固三个界面张力的函数，其反映了液体与固体间相互作用或表面能的关系，即：

$$\gamma_{LV}\cos\theta = \gamma_{SV} - \gamma_{SL} \tag{6-3}$$

式中　　θ——固体表面固有接触角，(°)；

γ_{LV}，γ_{SV}，γ_{SL}——分别为气液、固气、固液接触面的表面张力。

通常，矿石表面接触角越大，矿物表面自由能越高，溶液在颗粒表面铺展过程所需克服表面张力做功越多。

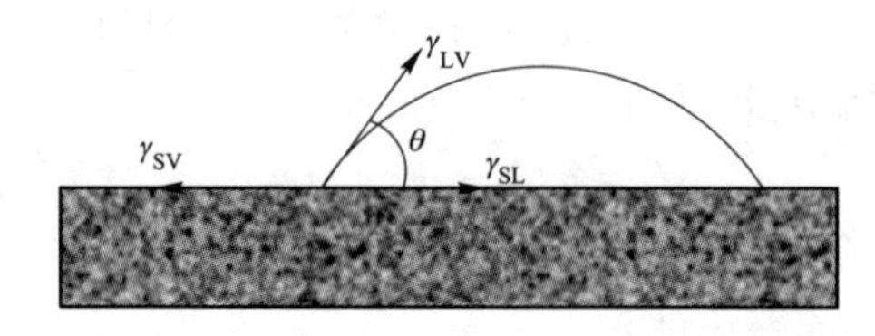

图 6-2　溶液在矿石表面的接触角示意图

6.1.2　细菌在矿石表面的吸附过程

细菌吸附是细菌对矿物的直接侵蚀作用的先决条件。细菌在浸矿溶液中通过对流和扩散运移至矿物表面，然后在多种力的作用下吸附于矿物表面，最终形成一层生物膜，吸附过程如图 6-3 所示，吸附的过程可主要归纳为三步：初始吸附、牢固吸附、生物膜形成[79,152]。

（1）初始吸附。细菌运移至矿物表面后，在静电引力与疏水力的作用下，细菌与矿物产生初始接触（图 6-3（a）），并逐渐吸附于矿石颗粒表面（图 6-3（b））。但这一吸附过程是可逆的，初始吸附伴随着细菌吸附与脱附的动态过程。

（2）牢固吸附。由前文分析可知，细菌 JAT-1 为革兰氏阴性菌，其细胞壁含有大量的多糖、外膜蛋白等物质。细菌初始吸附于矿物表面后，在细菌胞外多糖、蛋白质等物质的作用下，细菌与矿物表面发生黏附作用（图 6-3（c）），这一过程一般情况下是不可逆的。

（3）生物膜形成。细菌牢固地吸附于矿石表面后，在胞外分泌物的作用下，细菌会逐渐黏附更多的细菌，大量细菌的聚集将在矿物表面形成一层生物膜，如图 6-3（d）所示，在适宜的环境中，生物膜的厚度可达 0. 02~0. 05mm。

溶液中的细菌在矿石颗粒表面的沉积与吸附主要受两方面因素影响，一是溶液内细菌因素，包括溶液内细菌数量、菌体大小、胞外表面性质、移动性等；二是矿石颗粒的性质，包括颗粒粒径、颗粒孔隙尺寸、比表面积、矿浆浓度等。细菌在矿石颗粒表面的吸附可用下式表达[153]：

$$-\frac{\mathrm{d}c}{\mathrm{d}t} = G\frac{\mathrm{d}\Theta}{\mathrm{d}t} = kc\alpha \tag{6-4}$$

$$G = 3[1/(\phi - 1)]/(\pi a_s a_b^2) \quad (6\text{-}5)$$

$$\alpha = \alpha_0(1 - B\Theta) \quad (6\text{-}6)$$

式中 c——溶液中细菌浓度；
ϕ——孔隙率；
a_s——颗粒半径，m；
a_b——细菌半径，m；
Θ——被细菌覆盖的表面积比率；
k——传质系数，s^{-1}；
α——黏附功（adhesion efficiency），即单颗粒吸附到某一层表面的概率；
α_0——当 $\Theta=0$ 时的黏附功；
B——堵塞系数（blocking factor），即被一个细菌堵塞的面积与该细胞几何面积之比。

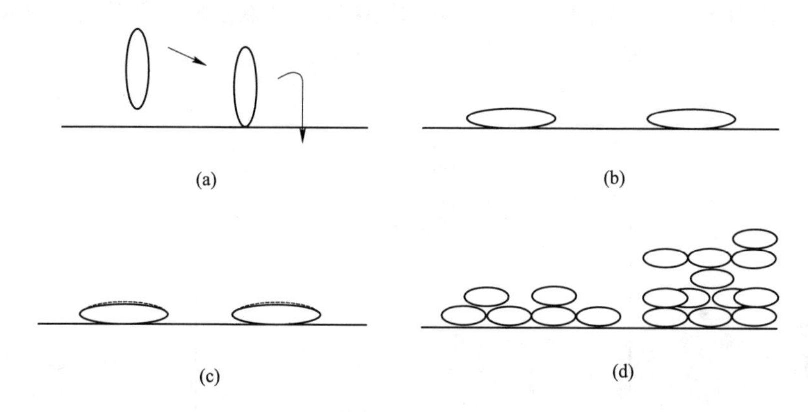

图 6-3 细菌在矿石表面的吸附过程

（a）细菌运移至矿石颗粒表面；（b）细菌初始吸附于矿物表面；
（c）细菌通过胞外分泌物与矿物表面牢固结合；（d）细菌吸附矿石颗粒表面形成生物膜

微生物在固体表面吸附具有如下特点[79]：

（1）微生物在固体表面的吸附随其表面的疏水性的增加而增加，随表面静电力的增大而减小；

（2）在微生物吸附过程中，固体表面疏水性较静电力的影响更显著；

（3）微生物在固体表面的黏附一般是不可逆过程；

（4）不可逆的黏附过程发生在微生物表面疏水性强而静电力相对弱时；

（5）微生物黏附于矿物表面时微生物与固体表面间会形成一层水膜。

6.1.3 浸出过程矿石侵蚀机理

浸出过程发生的一系列固-液反应导致矿石被侵蚀、溶解。基于产氨细菌浸铜行为的研究结果分析，铜矿石在浸出过程中，存在细菌对矿石的直接浸出作用以及细菌通过分解尿素产氨对矿石的间接浸出作用，主要表现为细菌吸附及细菌分泌的胞外有机化合物对矿石的侵蚀作用，以及细菌分解尿素产生的氨与矿石中的铜矿物发生络合反应产生的侵蚀作用，前者由细菌主导，可认为是生物侵蚀作用；后者由浸出液中的化学成分氨主导，可认为是化学侵蚀作用。两种侵蚀作用共同作用，导致矿石的侵蚀与浸出。

6.1.3.1　生物侵蚀作用

细菌对矿石颗粒的侵蚀作用主要存在细菌吸附对矿石的侵蚀作用以及细菌分泌的有机物对矿石的侵蚀，如图6-4所示。细菌为革兰氏阴性菌，其细胞壁外膜含有大量的多糖、蛋白质、磷脂等成分，细菌直接吸附至矿石表面，通过细菌胞外的有机物与矿物产生相互作用，使其表面结构破坏，发生侵蚀、溶解；同时，细菌培养液内含有大量的细菌分泌的有机代谢物，如氨基酸，其含有大量的活性基团，可与矿物中金属离子配位络合，对矿物表面产生溶蚀，促进矿石孔裂隙的发育。

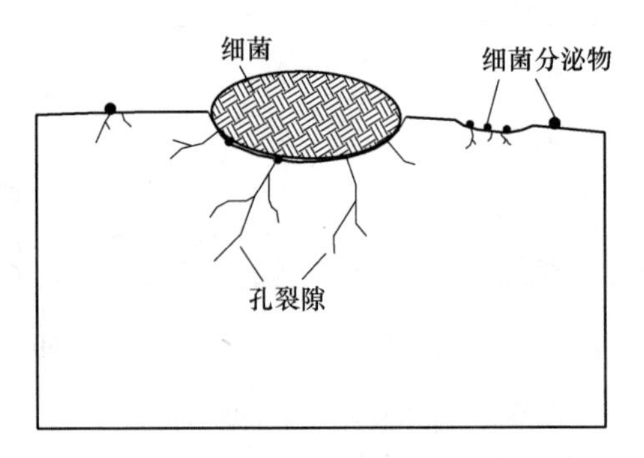

图6-4　生物侵蚀作用示意图

生物侵蚀是一个复杂的反应过程。首先，通过胞外的多糖与蛋白质的黏结作用、有机代谢物活性基团的络合作用，细菌及其分泌物与矿石颗粒缠结，形成有机复合体，促使细胞及有机物与矿石颗粒紧密接触；其次，随细菌增长及细胞分泌物质的增多，复合体中的有机物质与矿石颗粒相互作用不断增强，促进生物侵蚀作用。随侵蚀时间的延长，细胞等物质向矿石颗粒的间隙及深层延伸，进一步促进矿石孔裂隙的发育；同时，细菌及其分泌物与矿石形成的有机复合体对其周围溶液中的有机、无机物质具有一定的吸附作用，导致复合体周围区域环境发生变化，这些变化也将对矿物的生物侵蚀产生重要影响。

6.1.3.2　化学侵蚀作用

氨是铜矿石的有效浸出剂，可通过与矿石中的铜矿物发生络合反应实现铜离子的浸出，而细菌的代谢产物中含有大量的氨成分，可与矿石中的铜矿物发生络合反应，产生的侵蚀作用如图 6-5 所示。

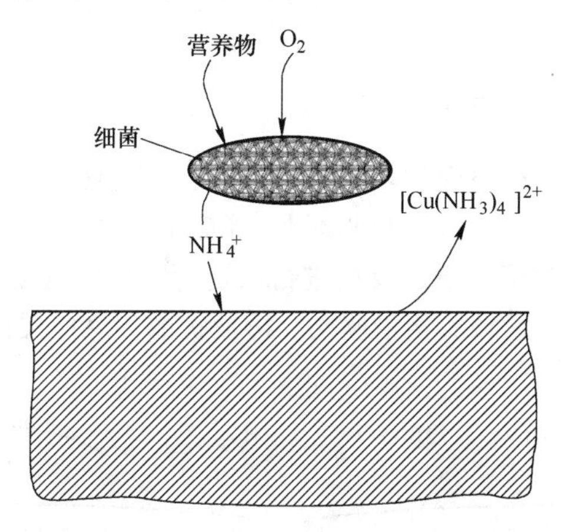

图 6-5 化学侵蚀作用示意图

化学侵蚀过程的化学反应如式（6-7）~式（6-13）所示。细菌在代谢的过程中将尿素分解为氨与二氧化碳，氨易溶于水生成一水合氨，其中部分氨与二氧化碳在水中结合生成铵根离子与碳酸根离子。

铜矿石中的含铜矿物主要为孔雀石（$Cu_2CO_3(OH)_2$），结合氧化铜矿主要为硅孔雀石（$CuSiO_3 \cdot 2H_2O$），原生硫化铜矿主要为黄铜矿（$CuFeS_2$），次生硫化铜矿主要为辉铜矿（Cu_2S），其与氨的络合反应方程如式（6-10）~式（6-13）所示。铜矿物通过络合反应，促使目标离子铜由固态转为液态，矿石在化学反应作用下产生侵蚀、溶解。由 5.3.1 节的研究结果可知，反应过程中，氧化铜矿物以及次生硫化铜矿物易于被浸出，而原生硫化铜难以被浸出。在碱性细菌浸出体系中，溶解氧的氧化能力较弱，且细菌生长也导致氧气被进一步消耗，由此可知，浸出过程中增加氧气的供应量、提高浸出液的氧化能力，可在一定程度上改善原生硫化铜的浸出效果，提升化学侵蚀作用。

$$(NH_2)_2CO + H_2O \xrightarrow{\text{细菌}} 2NH_3 + CO_2 \tag{6-7}$$

$$NH_3 + H_2O \longrightarrow NH_3 \cdot H_2O \tag{6-8}$$

$$2NH_3 + CO_2 + H_2O \longrightarrow 2(NH_4)^+ + (CO_3)^{2-} \tag{6-9}$$

$$Cu_2(OH)_2CO_3 + 6NH_3 \cdot H_2O + 2NH_4^{2+} \longrightarrow 2Cu(NH_3)_4^{2+} + CO_3^{2-} + 8H_2O \tag{6-10}$$

$$CuSiO_3 \cdot 2H_2O + 2NH_3 \cdot H_2O + 2NH_4^{2+} \longrightarrow Cu(NH_3)_4^{2+} + SiO_2 + 4H_2O \tag{6-11}$$

$$2CuFeS_2 + 12NH_3 \cdot H_2O + \frac{17}{2}O_2 + 2H_2O \longrightarrow 2Cu(NH_3)_4^{2+} + Fe_2O_3 + 4SO_4^{2-} + 4NH_4^+ + 12H_2O \tag{6-12}$$

$$Cu_2S + 6NH_3 \cdot H_2O + 2(NH_4)^+ + \frac{5}{2}O_2 \longrightarrow 2[Cu(NH_3)_4]^{2+} + (SO_4)^{2-} + 7H_2O \tag{6-13}$$

6.1.3.3 侵蚀作用过程

细菌浸出过程中，矿石颗粒表面被不断侵蚀，颗粒内部孔裂隙不断发育，导致浸出后矿石的表面结构松散、凸凹不平，颗粒内部的孔隙率增加、颗粒比表面积升高。矿石的侵蚀过程随浸出反应进行而进行，侵蚀程度随反应进行而加深，其侵蚀过程可分为四个阶段：溶液吸附、溶液扩散、反应侵蚀、颗粒崩解，如图6-6所示。

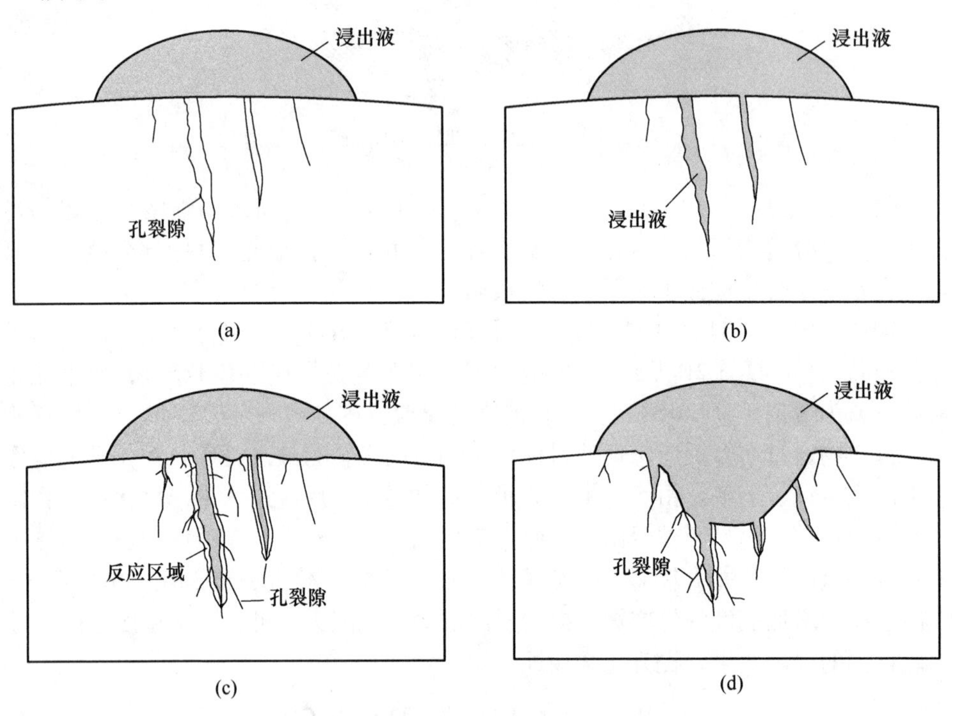

图6-6 浸出作用下矿石的侵蚀过程

（a）溶液吸附；（b）溶液扩散；（c）反应侵蚀；（d）颗粒崩解

（1）溶液吸附。矿石与浸出液的浸出反应始于浸出液与矿石颗粒的接触。浸出液与矿石颗粒接触并吸附于矿石表面，如图6-6（a）所示。在此过程中，矿石表面越粗糙、浸出液表面张力越小、浸出反应越激烈，越有利于浸出液在矿石表面的吸附。

（2）溶液扩散。浸出液接触并吸附于矿石颗粒表面后，通过颗粒表面的孔裂隙进入矿石颗粒内部，如图6-6（b）所示。此扩散过程发生在浸出液与矿石接触之后，伴随着浸出液与矿石浸出反应的进行，同时受到固体层的影响。当浸出反应较为激烈时，浸出液扩散通道被迅速打开，浸出液扩散受到固体层的阻力较小；而当浸出反应过程缓慢时，浸出液的扩散将受到固体层的显著影响。

（3）反应侵蚀。随着浸出溶液在矿石表面的吸附以及在矿石内部的扩散，浸出溶液与矿石充分接触，矿石颗粒的表面及内部受到浸出反应的侵蚀，造成表面凸凹不平、内部裂隙进一步发育，如图 6-6（c）所示。随着浸出反应的进行，矿石受到侵蚀、溶解，孔裂隙体积不断增大，形成溶洞，侵蚀面沿原生裂隙不断发展形成新的裂隙，浸出溶液也将充分覆盖并接触新形成的孔裂隙，对矿石颗粒造成进一步侵蚀。

（4）颗粒崩解。随反应侵蚀程度的加深，矿石颗粒表面及内部结构将发生重大变化，如图 6-6（d）所示。浸出反应导致矿石颗粒内部裂隙不断发育并逐渐连通，矿石颗粒内部的溶洞体积不断扩大，最终形成颗粒崩解区。崩解后矿石颗粒产生大量的新表面，促使颗粒内部未反应区域与浸出溶液充分接触并继续发生化学反应，如此循环，直至矿石颗粒被完全侵蚀，浸出反应停止。

6.2 异养型细菌浸铜固液反应动力学模型

矿石的浸出过程为液相与固相相互作用、发生反应的过程，在浸出过程中，由于矿石颗粒中占多数的脉石成分不与浸出剂反应，因而可以认为浸出过程矿石颗粒的尺寸保持不变，在已反应的颗粒区域将形成固体膜层，随着反应的进行，固体膜层的厚度不断增加，而内部未反应核的尺寸相应减小。如图 6-7 所示，浸出反应中，溶液通过液体边界层扩散与矿物接触、反应，然后进一步通过固体残留膜层扩散至颗粒内部，并在固液界面处发生化学反应，反应生成物通过固体膜层与液膜，运移至溶液中。

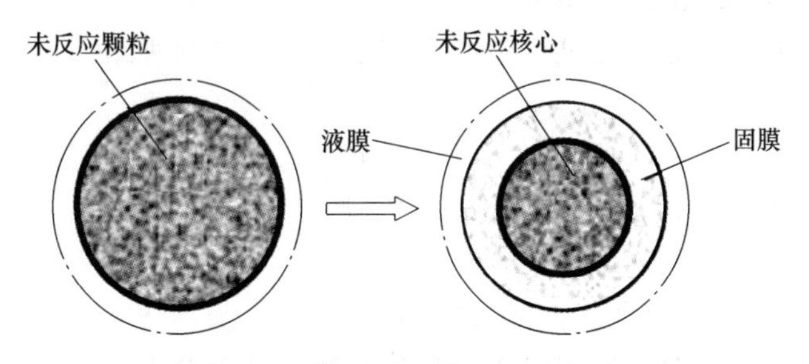

图 6-7 矿石浸出反应过程示意图

浸出过程中，浸出反应可能受到三方面控制，分别为液膜扩散控制、固体残留膜层扩散控制以及界面化学反应影响，假设反应中的矿物粒子为近似球形几何体，可采用收缩核模型对浸出动力学进行分析[154~157]，在恒定浸出剂浓度下，不同反应控制的动力学方程见表 6-1。

表 6-1　恒定浸出剂浓度下固液反应动力学方程

反应控制步骤	动力学方程
液膜扩散控制	$x = k_1 t$
固体膜扩散控制	$1 - \frac{2}{3}x - (1 - x)^{\frac{2}{3}} = k_2 t$
化学反应控制	$1 - (1 - x)^{\frac{1}{3}} = k_3 t$

注：x—矿石浸出率；t—浸出时间；k_1—液膜扩散控制速率常数；k_2—固体膜扩散控制速率常数；k_3—化学反应控制速率常数。

表 6-1 所示的动力学方程反映了浸出过程中不同反应控制步骤下的浸出规律，但需满足浸出过程中浸出剂浓度在反应中保持恒定这一条件，即反应浸出剂量远大于浸出过程的消耗量。但是在异养型细菌浸出过程中，浸出通过细菌的代谢产物与矿石发生反应实现浸出；而碱性产氨细菌浸铜过程，作为主要浸出剂的氨的浓度随细菌生长代谢不断变化，因此，上述反应动力学方程不适应于异养型细菌浸矿动力学的分析，需在考虑浸出剂浓度变化的条件下建立异养型细菌浸矿动力学模型，用于碱性产氨细菌浸铜动力学分析。

6.2.1　液膜扩散控制动力学模型

浸出反应过程中，浸出剂 A 与固体矿石颗粒 B 的化学反应可由式（6-14）表示：

$$A + bB \longrightarrow \text{浸出产物} \tag{6-14}$$

式中　b——化学反应的计量系数。

由式（6-14）可得反应过程中浸出剂消耗量与固体颗粒反应物消耗量的关系，如式（6-15）所示：

$$\frac{dN_B}{dt} = b\frac{dN_A}{dt} \tag{6-15}$$

式中　N_A——浸出剂的摩尔数，mol；

　　　N_B——固体矿石颗粒的摩尔数，mol。

当反应受液膜扩散控制时，固液反应过程中未反应核模型的浓度分布如图 6-8 所示。

液相中浸出剂 A 通过液膜层的传质受液膜控制时，其传质速率方程可表示为：

$$-\frac{dN_A}{dt} = k_d S(C_A - C_{As}) \tag{6-16}$$

式中 k_d——液膜传质系数，m/s。

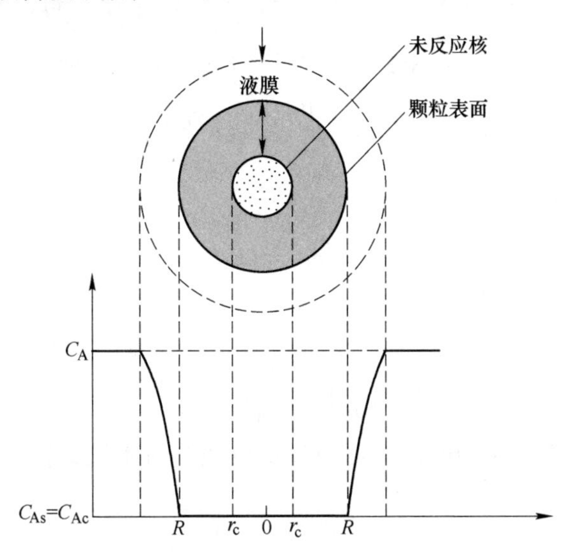

图 6-8 液膜扩散控制时固液相浓度分布

准稳态条件下，可认为浸出过程的浸出剂 A 的液膜扩散速率与矿石颗粒的界面化学反应速率相等，则界面化学反应速率可表示为：

$$-\frac{dN_A}{dt}=k_rSC_{Ac} \tag{6-17}$$

式中 k_r——界面化学反应速率常数。

当反应受液膜扩散控制时，可忽略固体残留层扩散对反应的影响，则有 $C_{As}=C_{Ac}$，将 $C_{As}=C_{Ac}$代入式（6-17），则有：

$$-\frac{dN_A}{dt}=k_rSC_{As} \tag{6-18}$$

由式（6-16）和式（6-18）可得：

$$C_{As}=\frac{k_d}{k_r+k_d}C_A \tag{6-19}$$

将式（6-19）代入式（6-16）有：

$$-\frac{dN_A}{dt}=k_dS(C_A-C_{As})=\frac{k_rk_d}{k_r+k_d}SC_A=\frac{1}{1/k_r+1/k_d}SC_A \tag{6-20}$$

随浸出反应的进行，固体矿石颗粒收缩导致体积发生变化，设固体矿石颗粒 B 的摩尔密度为 ρ_B，则固体矿石颗粒的摩尔数可表示为：

$$N_B=\rho_BV \tag{6-21}$$

即：

$$-\mathrm{d}N_{\mathrm{B}}=-b\mathrm{d}N_{\mathrm{A}}=-\rho_{\mathrm{B}}\mathrm{d}V=-\rho_{\mathrm{B}}\mathrm{d}\left(\frac{4}{3}\pi r_{\mathrm{c}}^{3}\right)=-4\pi\rho_{\mathrm{B}}r_{\mathrm{c}}^{2}\mathrm{d}r_{\mathrm{c}} \tag{6-22}$$

综上，可得矿石颗粒摩尔数变化方程，如式（6-23）所示：

$$-4\pi\rho_{\mathrm{B}}r_{\mathrm{c}}^{2}\frac{\mathrm{d}r_{\mathrm{c}}}{\mathrm{d}t}=4\pi R^{2}k_{\mathrm{d}}C_{\mathrm{A}} \tag{6-23}$$

式（6-23）可改写为：

$$-\frac{\rho_{\mathrm{B}}}{R^{2}}\int_{R}^{r_{\mathrm{c}}}r_{\mathrm{c}}^{2}\mathrm{d}r_{\mathrm{c}}=bk_{\mathrm{d}}C_{\mathrm{A}}\int_{0}^{t}\mathrm{d}t \tag{6-24}$$

对式（6-24）进行积分可得：

$$1-\left(\frac{r_{\mathrm{c}}}{R}\right)^{3}=\frac{3bk_{\mathrm{d}}}{\rho_{\mathrm{B}}R}\int_{0}^{t}C_{\mathrm{A}}\mathrm{d}t \tag{6-25}$$

矿石中目标离子的浸出率 X_{B} 可通过反应颗粒的体积比颗粒总体积得出，因而有：

$$X_{\mathrm{B}}=1-\frac{V_{\text{未反应颗粒体积}}}{V_{\text{颗粒总体积}}}=1-\frac{\frac{4}{3}\pi r_{\mathrm{c}}^{3}}{\frac{4}{3}\pi R^{3}}=1-\left(\frac{r_{\mathrm{c}}}{R}\right)^{3} \tag{6-26}$$

结合式（6-25）和式（6-26）得：

$$X_{\mathrm{B}}=\frac{3bk_{\mathrm{d}}}{\rho_{\mathrm{B}}R}\int_{0}^{t}C_{\mathrm{A}}\mathrm{d}t \tag{6-27}$$

式（6-27）即为异养菌浸出过程受液膜扩散控制时的固液反应动力学方程。

6.2.2　固膜扩散控制动力学模型

当浸出反应受固膜扩散控制时，固相与液相在反应过程中未反应核模型的浓度分布如图 6-9 所示，反应过程中浸出剂通过液膜的扩散阻力很小，可忽略不计，故有 $C_{\mathrm{A}}=C_{\mathrm{As}}$。

准稳态条件下，可认为浸出过程中浸出剂 A 通过固态层扩散速率与界面化学反应速率相等，故浸出过程的界面化学反应速率可表示为：

$$-\frac{\mathrm{d}N_{\mathrm{A}}}{\mathrm{d}t}=4\pi r^{2}Q_{\mathrm{A}} \tag{6-28}$$

式中　Q_{A}——反应核表面的浸出剂体积流量，$\mathrm{m^{3}/h}$。

反应核表面的浸出剂体积流量与浸出剂通过固态层的扩散系数有关，其表达式为：

$$Q_{\mathrm{A}}=D_{\mathrm{e}}\frac{\mathrm{d}C_{\mathrm{A}}}{\mathrm{d}r} \tag{6-29}$$

式中 D_e——固态层扩散系数，m/s。

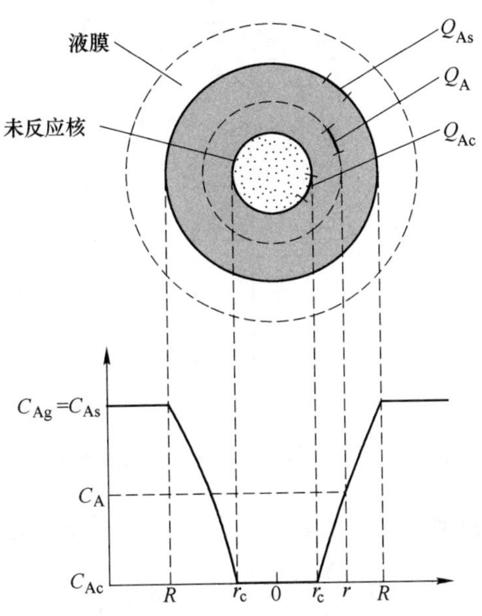

图 6-9 固膜扩散控制时固液相浓度分布

合并式（6-28）与式（6-29）有：

$$-\frac{dN_A}{dt}=4\pi r^2 D_e\frac{dC_A}{dr} \tag{6-30}$$

对式（6-30）进行积分可得：

$$\frac{6bD_eC_A}{\rho_B R^2}\int_0^t dt=1-3\left(\frac{r_c}{R}\right)^2+2\left(\frac{r_c}{R}\right)^3 \tag{6-31}$$

异养菌浸出过程中，浸出剂 A 浓度不是恒定的，随时间而变化，结合式(6-26)未反应核半径与浸出率关系，可得浸出率随时间变化方程如下：

$$1-3(1-X_B)^{\frac{2}{3}}+2(1-X_B)=\frac{6bD_e}{\rho_B R^2}\int_0^t C_A dt \tag{6-32}$$

式（6-32）即为异养型细菌浸出过程受固膜扩散控制时的浸出反应动力学方程。

6.2.3 化学反应控制动力学模型

当浸出反应受化学反应步骤控制时，固相与液相在反应过程中未反应核模型的浓度分布如图 6-10 所示。此反应过程中浸出剂通过液膜及固膜的扩散阻力很小，可忽略不计，故有 $C_A=C_{As}=C_{Ac}$。

准稳态条件下，可认为浸出过程的浸出剂 A 的液膜及固膜的扩散速率与矿石

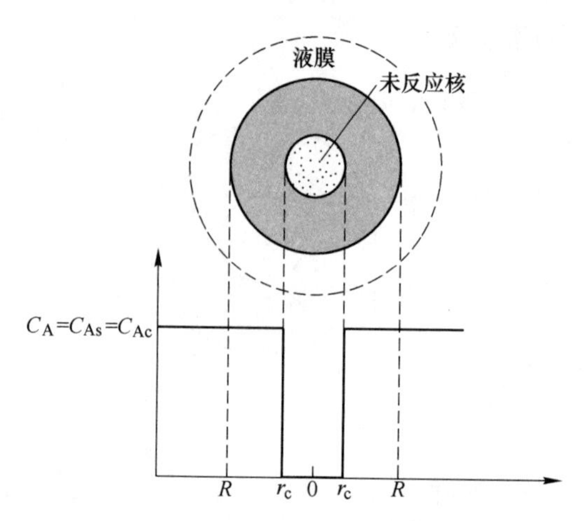

图 6-10　化学反应控制时固液相浓度分布

颗粒的界面化学反应速率相等，即界面化学反应速率可表示为：

$$-b\frac{dN_A}{dt}=-\frac{dN_B}{dt}=bk_rSC_A \tag{6-33}$$

假设矿石颗粒为球形，设固体颗粒 B 的摩尔密度为 ρ_B，则固相反应速率可表示为：

$$-\frac{dN_B}{dt}=-\frac{d\left(\frac{4}{3}\pi r_c^3\rho_B\right)}{dr_c}\times\frac{dr_c}{dt}=-4\pi r_c^2\rho_B\times\frac{dr_c}{dt} \tag{6-34}$$

将式（6-34）代入式（6-33）可得：

$$-\rho_B\frac{dr_c}{dt}=bk_rC_A \tag{6-35}$$

对式（6-35）积分可得：

$$R-r_c=\frac{bk_rC_A}{\rho_B}\int_0^t dt \tag{6-36}$$

当浸出剂 A 的浓度变化时，C_A 为关于时间 t 的函数，因此式（6-36）可写为：

$$1-\frac{r_c}{R}=\frac{bk_rR}{\rho_B}\int_0^t C_A dt \tag{6-37}$$

将式（6-26）代入式（6-37）可得化学反应为控制步骤时，浸出率与时间的关系方程为：

$$1-(1-X_B)^{\frac{1}{3}}=\frac{bk_rR}{\rho_B}\int_0^t C_A dt \tag{6-38}$$

式（6-38）即为异养型细菌浸出过程受化学反应控制时的浸出反应动力学

方程。

综上，采用收缩核模型对浸出动力学进行分析，异养型细菌浸出反应过程中，不同反应控制的动力学方程见表6-2。

表 6-2 异养型细菌浸出反应动力学方程

反应控制步骤	动力学方程
液膜扩散控制	$X_B = \frac{3bk_d}{\rho_B R}\int_0^t C_A dt$
固体膜扩散控制	$1 - 3(1 - X_B)^{\frac{2}{3}} + 2(1 - X_B) = \frac{6bD_e}{\rho_B R^2}\int_0^t C_A dt$
化学反应控制	$1 - (1 - X_B)^{\frac{1}{3}} = \frac{bk_r R}{\rho_B}\int_0^t C_A dt$

6.3 碱性产氨细菌浸铜动力学机理

6.3.1 浸出反应控制步骤分析

根据表6-2异养菌浸出过程的反应动力学模型，需要获取的动力学参数有：浸出率随时间的变化值以及浸出剂浓度随时间的变化值。根据4.4节中产氨菌JAT-1浸铜优化的结果，在最佳浸出条件下，考察温度变化对细菌浸铜效果的影响，以此结果为研究细菌JAT-1浸铜的动力学参数。如图6-11所示为不同温度下铜的浸出率随时间的动力学曲线，产氨细菌浸出过程中伴随着浸出剂氨的生成与消耗；图6-12所示为浸出过程中氨浓度变化曲线。

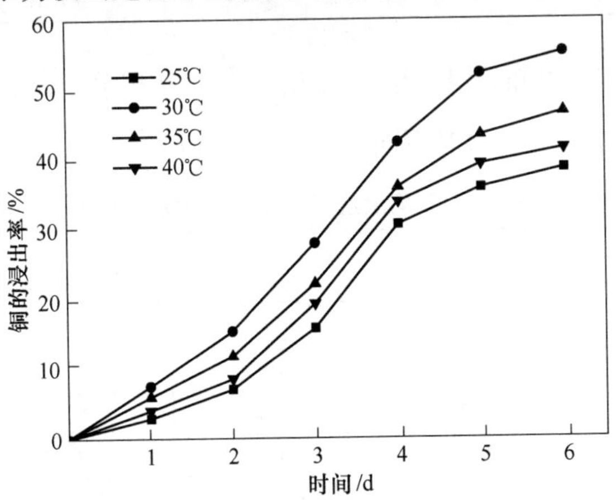

图 6-11 不同温度下细菌浸铜动力学曲线

对浸出过程中不同温度下浸出剂氨浓度随时间变化曲线进行拟合，获取浸出剂浓度 C_A 随时间 t 变化曲线的方程，结果见表6-3。不同温度下的氨浓度变化拟

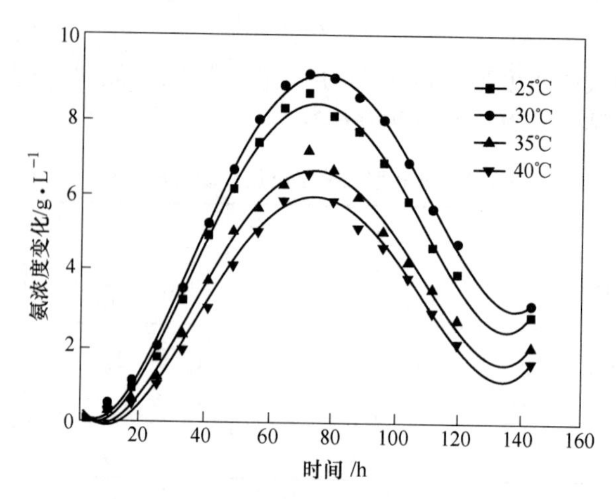

图 6-12　不同温度下浸出剂浓度随时间变化

合方程的相关系数均高于0.98，说明各曲线拟合方程可较好的反映浸出过程中浸出剂氨的浓度变化规律。

表 6-3　不同温度下氨浓度变化拟合方程

温度/℃	氨浓度变化拟合方程	相关系数
25	$C_A = 0.15 - 0.0665t + 0.008t^2 - 1.08 \times 10^{-4}t^3 + 3.76 \times 10^{-7}t^4$	0.994
30	$C_A = 0.176 - 0.056t + 0.008t^2 - 1.05 \times 10^{-4}t^3 + 3.6 \times 10^{-7}t^4$	0.997
35	$C_A = 0.183 - 0.079t + 0.0075t^2 - 9.58 \times 10^{-5}t^3 + 3.35 \times 10^{-7}t^4$	0.987
40	$C_A = 0.280 - 0.098t + 0.0075t^2 - 9.4 \times 10^{-5}t^3 + 3.26 \times 10^{-7}t^4$	0.983

由浸出动力方程可知，浸出率 X_B 变化与 $\int_0^t C_A \mathrm{d}t$ 相关。设 $F(t) = \int_0^t C_A \mathrm{d}t$，求 $F(t)$ 值用于动力学拟合分析时不同时间 t 对应的 $F(t)$ 值，结果见表 6-4。

表 6-4　不同温度下 $F(t)$ 随时间变化值

时间 t/d	$F(t) = \int_0^t C_A \mathrm{d}t$			
	25℃	30℃	35℃	40℃
0	0	0	0	0
1	14.36	17.60	8.74	5.82
2	112.79	124.31	83.82	69.56
3	293.09	318.91	226.29	196.48
4	482.46	528.86	374.47	329.25
5	609.38	679.14	467.85	410.15
6	675.51	761.01	511.03	443.38

根据6.3节模型可知，浸出过程中反应可能受到液膜扩散控制、固膜扩散控制或化学反应控制。根据4.2.6节结论可知，当浸出过程中搅拌速度大于180r/min时，随搅拌速度增大，铜的最终浸出率不再明显增高，说明搅拌速度大于180r/min足以使反应克服液膜扩散影响。浸出动力学试验过程中，浸出搅拌速度为180r/min，因此，可忽略液膜扩散对浸出反应的影响，对浸出动力学的研究主要考察固膜扩散控制和化学反应控制。

基于以上所获参数对碱性产氨细菌浸出铜矿的浸出动力学分析，分别用 $1-2/3x-(1-x)^{2/3}$ 和 $1-(1-x)^{1/3}$ 对 $F(t)$ 作图，结果如图6-13和图6-14所示。图中直线的斜率为不同动力学控制条件下的反应速率常数，依据各组数据拟合后的相关系数值 R^2 判定各反应动力学模型的可能性大小，各动力学模型的相关系数见表6-5。

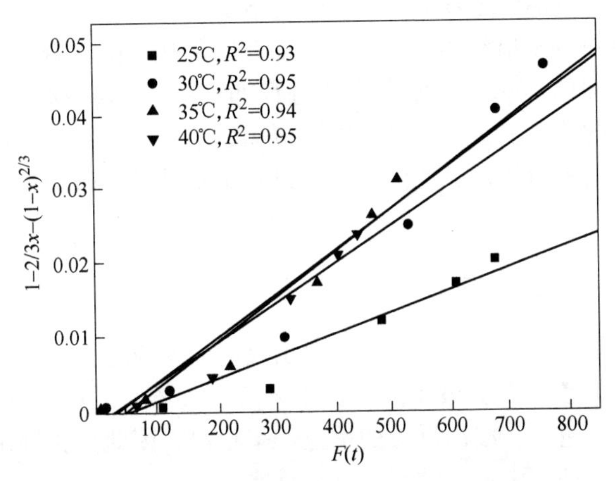

图6-13 不同温度下 $1-2/3x-(1-x)^{2/3}$-$F(t)$ 曲线

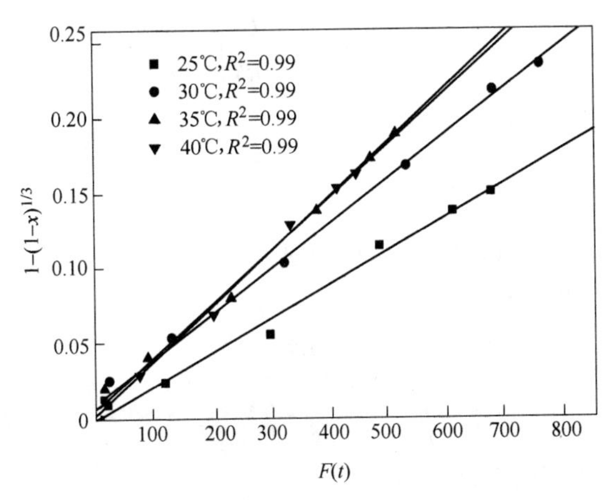

图6-14 不同温度下 $1-(1-x)^{1/3}$-$F(t)$ 曲线

表 6-5　细菌浸出反应动力学拟合的相关系数

反应温度/℃	动力学模型拟合相关系数 R^2	
	$1-(1-X_B)^{\frac{2}{3}}-\frac{2}{3}X_B$	$1-(1-X_B)^{\frac{1}{3}}$
25	0.93	0.99
30	0.95	0.99
35	0.94	0.99
40	0.95	0.99

由表 6-5 可知，$1-(1-x)^{1/3}$ 对 $F(t)$ 拟合的相关系数均高于 $1-\frac{2}{3}x-(1-x)^{2/3}$ 对 $F(t)$ 拟合的相关系数，均高于 0.99，具有较高的可信度。拟合结果表明，细菌 JAT-1 浸出铜矿过程中，浸出受化学反应控制。细菌浸出过程中，矿石在细菌的直接与间接浸出作用下，矿粒表面及内部孔裂隙发育，促进了反应过程中固态膜扩散。细菌 JAT-1 浸出主要通过代谢产物氨与矿物发生反应，实现浸出，代谢产物氨的浓度受细菌活性影响，浸出后期，随细菌活性降低，浸出体系中代谢产物氨含量不再增加，而随着反应进行不断消耗，进而影响浸出反应的化学过程。

6.3.2　浸出反应表观活化能分析

表观活化能是指浸出过程中，参加浸出反应的反应物分子由常态转变为易参与反应的活跃分子态所需的最小能量，用 E_a 表示。E_a 大小可反映出浸出反应发生的难易程度，E_a 越小，浸出反应的反应速率越快，因此分析细菌浸出过程的表观活化能对于反应动力学过程的研究具有重要意义。

根据阿伦尼乌斯方程可求解浸出反应的表观活化能：

$$k = A\exp\left(-\frac{E_a}{RT}\right)$$

式中　k——反应速率常数；

A——频率因子，s^{-1}；

E_a——活化能，J/mol；

R——理想气体常数，取 8.31J/(mol · K)；

T——绝对温度，K。

用 $\ln k$ 对 $1/T$ 作图得到一条直线，如图 6-15 所示，直线的斜率为 $-E_a/R$。直线方程如下：

$$y = -3.28x + 2.65$$

因此，可求得 E_a 为 27.26kJ/mol。

由图 6-11 可知，随浸出反应温度的升高，浸出反应速率不断增大。反应温

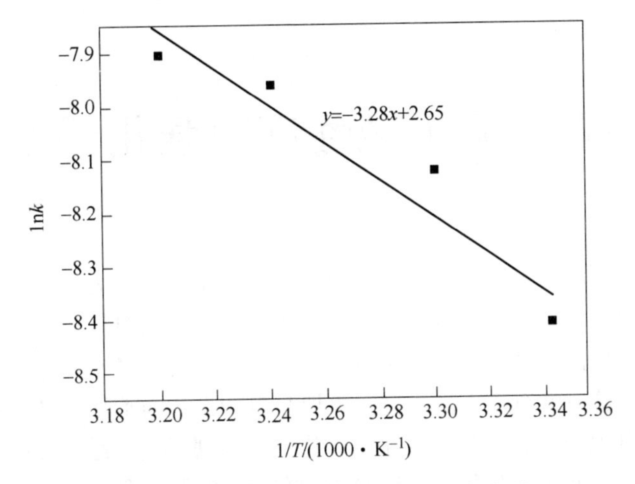

图 6-15　细菌 JAT-1 浸铜的阿伦尼乌斯线

度升高使反应物分子获得能量，增大了反应体系内活化分子的百分数，同时使反应过程中的有效反应碰撞次数增多，进而促使反应速率加快；但随着温度的升高，浸出反应速率增大的趋势不断放缓。原因在于细菌浸矿过程中，由于细菌存在最佳生长温度范围，当浸出温度超过这一范围时，细菌的生长代谢将受到影响，进而对浸出速率产生影响。

对于一般的浸出反应，当浸出受化学反应控制时，反应的表观活化能大于 40kJ/mol。由上文分析可知，细菌 JAT-1 浸出铜矿过程受化学反应控制，但其反应的表观活化能为 27.26kJ/mol，小于 40kJ/mol，说明浸出过程中细菌 JAT-1 对矿石的直接作用降低了浸出反应所需的能量，促使更多的矿物分子转变为活化分子，增大了浸出反应的速率。

7 复杂氧化铜矿碱性细菌强化浸出新工艺

近年来，我国铜产品消费量不断上升，铜矿产资源开发力度越来越大，导致易采易回收铜矿资源不断减少，资源供需矛盾不断突出。面对日益严峻的形势，研究开发高效处理低品位复杂难处理铜矿资源技术尤为紧迫。堆浸工艺是处理低品位复杂难处理氧化铜矿石的有效方法，伴随萃取与电积工艺的不断突破，逐渐形成了以堆浸—萃取—电积为核心工艺的低品位氧化铜矿处理工艺。经过发展，萃取和电积工艺日趋成熟，而堆浸工艺环节相对薄弱，在生产实践中存在着溶液渗透不均、浸出率低等问题，直接影响浸出工艺效果，成为制约该工艺高效应用的瓶颈。

本章通过分析云南某氧化铜矿堆浸工艺过程存在的问题，提出采用碱性细菌强化堆浸新工艺，对该工艺流程进行论述，并针对该类矿石碱性脉石成分高、松散细碎、含泥量大影响堆浸渗透效果的问题，提出了堆浸工艺优化实施方案，结合浸出过程碱性细菌作用特点，提出了相应的细菌强化浸铜技术措施，为难处理复杂氧化铜矿石的高效开发提供了新思路。

7.1 某铜矿堆浸工艺及问题

7.1.1 工程应用概况

该铜矿位于滇、川、藏三省区交界处的迪庆藏族自治州德钦县，建在被称为“云南的北极”羊拉乡海拔 3000m 以上山区，属于“三江”成矿带核心区。矿区南北长 8km，东西宽 3~5km，面积 $35km^2$。氧化铜矿资源非常丰富，远景铜资源量大于 130 万~150 万吨。矿床属于热液生矿床，围岩蚀变发育，类型众多复杂。该铜矿主要由里农、路农、江边三个矿段组成，里农矿段氧化矿矿量占了 1/3，而且路农矿段几乎全部为氧化矿，矿区内氧化铜矿资源非常丰富。

由于矿石性质复杂、伴生有原生及次生硫化铜矿，且含泥量大、结合率高，采用常规的选矿流程氧化矿选矿回收率较低。为提高矿山经济效益、尽可能回收国家宝贵的矿石资源，提出了浸出与浮选并行的矿石处理方案，氧化铜矿和混合铜矿主要采用堆浸技术进行回收，堆浸工程布置如图 7-1 所示。

浸出后富铜溶液采用萃取—电积工艺回收铜，该工艺具有流程短、投资省、能耗低、物耗小、用人少、无环境污染问题等优势。针对复杂氧化铜矿的处理，矿山一期建成了年产 2500t 阴极铜的浸出—萃取—电积厂，产品设计为标准阴极铜，工艺流程如图 7-2 所示。

图 7-1 某铜矿堆浸现场

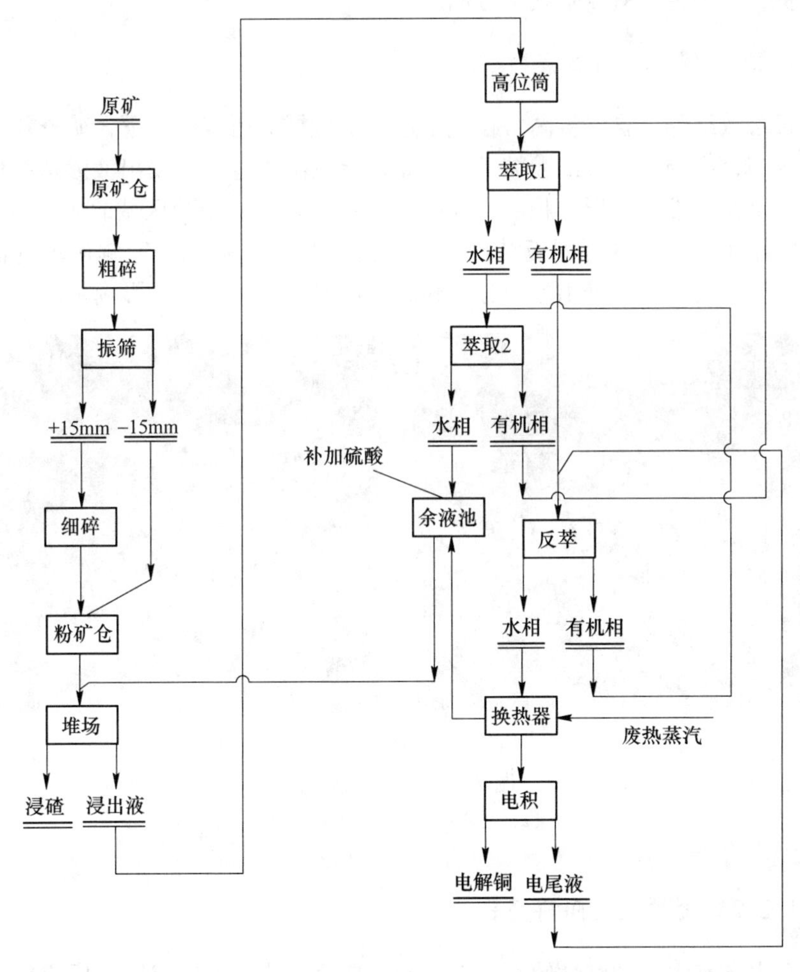

图 7-2 浸出—萃取—电积工艺流程

矿石从矿山经汽车运输至厂区碎矿原矿仓，原矿仓中的矿石经两段碎矿破碎至-15mm 排出，用汽车上堆。浸出采用堆浸。堆底铺 2mm 厚 HDPE 软板，铺设 200~300mm 厚的块矿层，保证浸出液 100%回收，不泄漏。布液喷淋，浸出分区进行，每区浸出 30d，休息 30d 后松动矿堆再浸出。浸出剂为 2%~5%的 H_2SO_4，每日加酸量按工艺吨铜耗酸指标计算加入。浸出液一般含铜大于 3.0g/L，pH 值达到 2.0 左右。

7.1.2　浸出过程存在的问题

该铜矿氧化矿埋藏较浅，风化现象严重，矿石松散细碎，含-20mm 细粉矿较多。早期堆浸工业试验时发现，堆浸过程中铜的浸出率低，但是由于生产效率与生产资料消耗的问题，导致浸出铜的生产成本高，对堆浸工艺过程存在的问题进行分析，认为主要有以下几个方面。

7.1.2.1　浸堆渗透性差

矿石松散细碎、含泥量高，在筑堆过程中机械的压实作用下，矿堆颗粒间的孔隙被压缩，部分孔隙被细颗粒矿石填充，导致浸出过程中浸出液渗透缓慢，部分区域甚至在浸堆表面形成积液，如图 7-3（a）所示；部分区域的矿石与矿泥在浸出液的作用下，出现凝固板结现象，如图 7-3（b）所示，影响矿堆的渗透效果，使底部矿石无法与浸出液充分接触，进而对浸出效果产生影响。

(a)

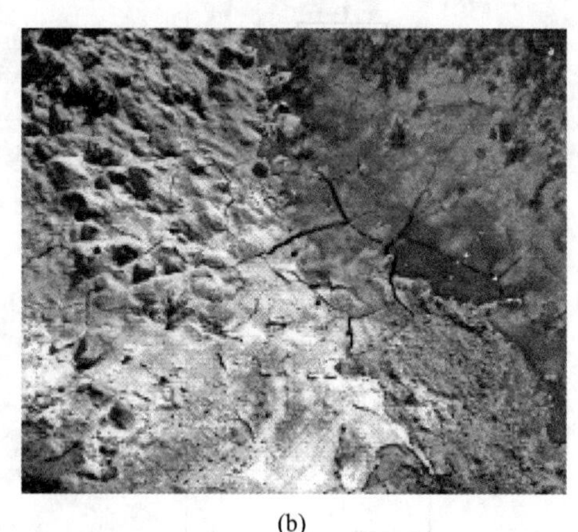
(b)

图 7-3　矿堆渗透性差
（a）浸堆积液；（b）凝固板结

7.1.2.2　化学沉淀阻碍浸出

矿石中含有大量的碱性脉石，如 CaO、MgO，其与浸出液发生反应后生成的

$CaSO_4$、$MgSO_4$ 等难溶性物质是矿堆化学沉淀的主要来源。化学沉淀附着在矿石表面，如图 7-4 所示。

图 7-4 化学沉淀阻碍浸出

化学沉淀对浸出反应的影响主要体现在以下两个方面：（1）化学沉淀的附着堵塞了矿石颗粒表面的孔裂隙，阻碍了浸出液在矿石颗粒内部的扩散，使矿石无法与浸出液充分接触反应；（2）大面积化学沉淀在矿堆表面集聚，大大降低了矿堆的渗透系数，限制了浸出液在矿堆内部的运移，阻碍了浸出反应的进行。

7.1.2.3 浸出酸耗高

由于矿石中含有大量高耗酸脉石（Al_2O_3、MgO、Fe_2O_3、CaO 等），致使原矿在浸出时酸耗高达 19t H_2SO_4/tCu，浸出过程中 90%以上的硫酸消耗在无价值的物质上。浸出剂与脉石反应，不但降低了浸出生产效率，而且增加了浸出的生产成本，大大降低了堆浸生产的经济效益。

7.1.2.4 无法利用细菌强化浸出

针对氧化铜矿及混合铜矿的堆浸，浸出仅依靠浸出剂硫酸与矿石发生反应实现浸出，无法利用细菌强化铜矿石的浸出。分析其原因在于：（1）目前的浸铜菌种主要为自养型菌种，浸出过程中通过氧化矿石中的硫化物及二价铁离子获取能量，同时实现目标金属离子的浸出；但该浸堆中矿石主要为氧化铜矿，无法为浸铜细菌提供足够的能量物质来源；（2）矿石中碱性脉石含量高，导致浸出过程中酸耗高，浸出体系的 pH 值变化幅度大，无法为细菌提供一个良好的生存环境。

综上，通过对云南某铜矿堆浸处理复杂氧化铜矿工艺进行分析，认为对现有酸法堆浸复杂氧化铜矿，亟须提出一种新工艺，以解决酸法堆浸处理复杂氧化铜矿工艺中渗透性差、化学沉淀阻碍浸出、浸出剂消耗大、成本高、无法利用细菌强化浸出的问题，改善此类铜矿的工业堆浸效果。

7.2　碱性产氨细菌堆浸新工艺

碱性产氨细菌可分解培养基中尿素产氨，而氨是铜矿物的有效浸出剂，通过上文研究可知，碱性产氨细菌可有效强化铜矿物浸出。针对酸法堆浸处理氧化铜矿工艺存在的问题，提出碱性细菌堆浸新工艺，通过碱性细菌产氨浸出矿石中的铜，工艺流程如图 7-5 所示，主要包括：

（1）浸出准备。浸出准备包括矿石准备和碱性浸矿细菌准备。采用堆浸法浸出，矿石准备主要包括配矿、破碎、筑堆。碱性浸矿细菌准备主要是在碱性条件下对细菌进行大规模培育与驯化，为浸矿提供充足的菌种。

（2）碱性细菌浸出。浸出工序包括浸出剂的制备、浸出作业。浸出剂制备是指将上一工序中培养的碱性菌液与液体培养基按一定比例混合，开展堆浸作业，将浸出剂喷淋至矿堆上，进行浸出反应。

（3）浸出料液收集。通过堆浸浸出，可直接收集得到浸出液，当浸出液中铜离子浓度达到浸出富液标准时，将浸出富液进行固液分离后直接进入萃取—电积工艺，同时浸出贫液返回至喷淋工序继续浸出。

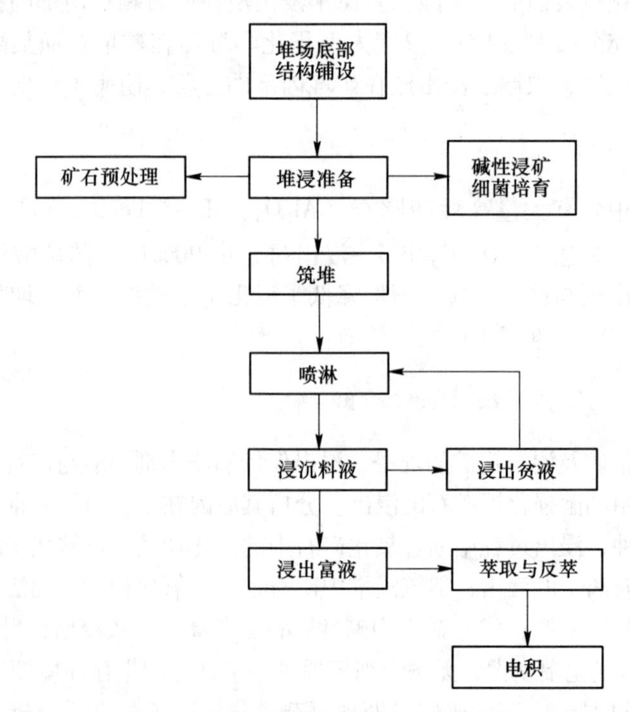

图 7-5　碱性细菌产氨浸铜工艺流程

该工艺本质属于碱法浸出，浸出剂主要为细菌代谢产物氨，能够经济有效地处理氧化铜矿，特别是能够处理高含碱性脉石难处理氧化铜矿。此工艺具有以下优势：

（1）与酸浸对比，其浸出过程中金属选择性强，浸出液不与其他金属矿物发生反应；浸出副产物较少，体系的浸出效果受副产物影响较小；且工艺对设备要求不高，环境友好。

（2）与传统氨浸对比，改善了其成本高、能耗高、环境污染严重等问题，可在自然条件下进行大规模堆浸，且无需特殊设备，投资小、成本低。

该工艺采用碱性细菌在碱性条件下处理铜矿石，解决了酸法堆浸过程中酸耗高、化学沉淀阻碍浸出、无细菌强化浸出过程等问题，但无法解决此类矿石堆浸渗透性差的问题。此类矿石细颗粒多、含泥量大导致堆浸渗透性差，因此，需对浸出新工艺堆浸实施进行优化，以改善堆场渗透性。堆浸实施优化主要通过堆场底部结构铺设、矿石预处理与筑堆、堆场布液喷淋与集液三方面开展，具体实施方案见 7.3 节。

7.3 堆浸新工艺实施方案优化

针对该矿山高碱性复杂氧化铜矿堆浸过程中渗透性差的问题，通过对堆浸工艺实施方案进行优化，改善其渗透效果。优化主要通过堆场底部结构铺设、矿石预处理与筑堆、堆场布液喷淋与集液三方面开展，通过优化，形成以分级筑堆分区布液为核心的堆浸工艺技术。

7.3.1 堆场底部结构铺设

堆场底部结构铺设是堆浸工艺实施的重要环节之一，也是堆浸工艺实施的首要环节。堆场底部结构为不透水结构，其功能是防止浸出液渗透至地层中，造成土壤及地下水资源污染。为防止浸出富液流失，在底部结构内部布置有集液管道，浸出富液通过集液管道至富液池以供萃取。

堆场底部结构铺设时一般坡度设计为 1%~3%，以便于浸出富液的收集。根据矿石的性质与实际情况，底部结构的材料略有不同，但从下往上一般包括平整后的地基、隔水层、衬垫、黏土层、衬垫、排水层及矿石垫层，如图 7-6 所示。隔水层及黏土层为压实后的细粒黏土，渗透系数应小于 5×10^{-7}cm/s；排水层为粗颗粒的致密废石，通风管道与集液管道一般布置其中；矿石缓冲垫层为孔隙率较高的粗颗粒矿石；衬垫主要有高密度聚乙烯薄膜（HDPE）、土工布等，铺设两层衬垫的作用在于：上层衬垫将浸出富液阻留在矿堆内部，下层衬垫避免浸出液渗漏到环境中造成污染。

7.3.2 矿石预处理与筑堆

7.3.2.1 *矿石预处理*

矿石粒度和粉矿含量对堆浸效果具有显著影响，为了使堆浸达到较好的浸出

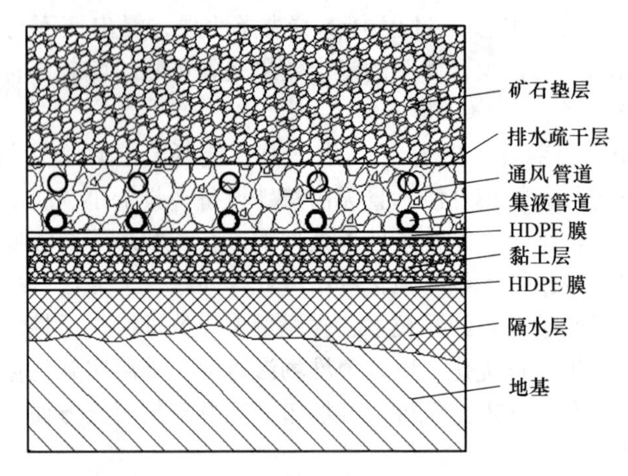

图 7-6　堆场底部结构示意图

效果，必须在入堆前对矿石进行预处理，矿石预处理包括两部分：一是矿石破碎；二是水洗脱泥。

适宜的矿石粒度有助于改善堆浸效果，粒度过大，矿堆的渗透性虽好，但浸出剂难以与矿石颗粒内部的铜矿物接触反应，导致浸出率偏低；粒度过小，筑堆时易产生偏析现象，细粒在浸出过程中发生迁移，堵塞渗流通道，阻碍浸出液的均匀流动，严重时将导致堆浸失败。适宜的矿石粒度为 1～30mm，因此矿石入堆前需对其进行破碎，矿石的破碎工艺流程如图 7-7 所示，采用二段破碎工艺对矿石进行破碎，矿石经格筛进入原矿仓，由振动给矿机进入粗碎机，之后通过皮带机倒运至细碎机，将矿石的粒级控制在-30mm 以下，合格矿石由皮带机输送到粉矿仓，进入水洗脱泥工艺流程。

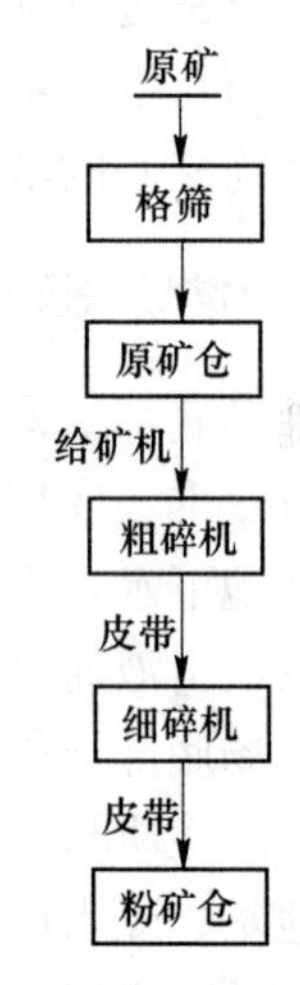

图 7-7　矿石破碎工艺流程

水洗脱泥时，既需把夹带粉矿尽可能洗干净，又要产出合格的入堆矿粒，因此采用“洗矿机+螺旋分级机”工艺，工艺流程如图 7-8 所示。粉矿仓存储的矿石经过洗矿机水洗后，粒度为+5mm 的矿石进入浸堆，粒径为-5mm 的矿石进入螺旋分级机，水洗分级后粒度+1mm 的矿石进入浸堆，余下矿浆注入泥浆池。泥浆池内的上清液可返回至洗矿机内循环利用，而粒度为-1mm 的矿粉则可采用其他工艺处理以回收金属铜，较适宜的工艺有搅拌浸出和槽浸。

7.3.2.2　筑堆

矿石筑堆是将预处理的矿石运送至堆场上，确保矿堆具有良好的渗透性。一

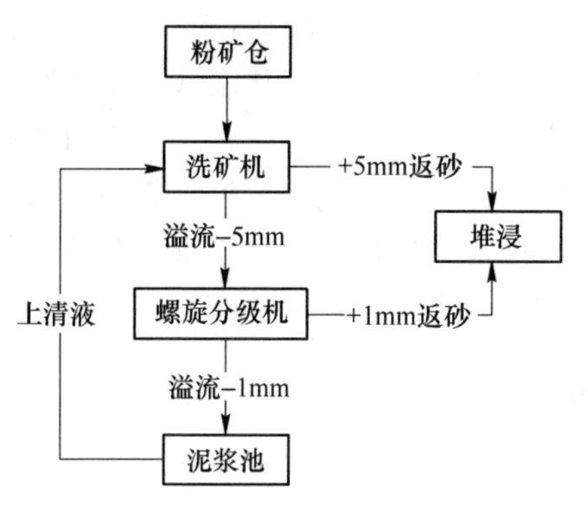

图 7-8 粉矿水洗脱泥工艺流程

般认为，入堆的矿石粒径大于 1mm 比较合适，+1mm 物料的渗透系数与原矿相比已经大幅度提高。然而，+1mm 的物料渗透系数并非最高，同时，考虑到浸出过程中细粒级物料迁移造成堵塞，堆场的渗透性随浸出的进行逐渐恶化的可能性，因此，采用分级筑堆方式，将矿石按颗粒大小进行分级并堆放在不同的区域，然后根据矿石不同粒径采用合理的布液强度，提高矿堆的渗透性，避免矿堆表面出现积液现象，如图 7-9 所示。

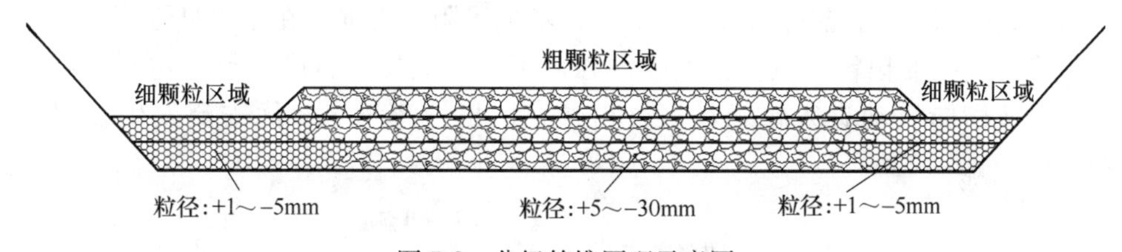

图 7-9 分级筑堆原理示意图

经过预处理流程，进入堆场的矿石根据粒径大小可分为+1～-5mm 的矿石和+5～-30mm 的矿石，工程上将+5mm 的物料称为粗颗粒物料，+1～5mm 物料称为细颗粒物料。基于物料粗细之分，开展分级筑堆，将堆场分为粗粒级区域和细粒级区域，粗粒级区域以粒径为+5～-30mm 的矿石为主，细粒级区域以粒径为+1～-5mm 的矿石为主[158]。

堆场规模一般较大，筑堆实施过程中，铲运机、汽车等轮式机械在堆场表面活动，对堆场的压实作用十分明显，直接影响矿堆的渗透性及浸出指标，对于含泥量高的矿堆尤为显著。

对于矿石硬度小、含泥量高的矿石，为防止新入堆矿石被压实，常用的筑堆方法有皮带筑堆法和后退式筑堆法。对于后退式筑堆法，入堆车辆装满矿石后用后退式方法进入老堆场，到达指定位置后自卸新矿石，新矿入堆后不会被轮式车辆碾压，此方法可确保新矿堆疏松；但是筑堆过程中老堆场被压实，需对其进行重新输送，且堆高受限，仅适用于小规模生产。

皮带筑堆法，一般采用固定式皮带与移动式皮带相结合，可避免大型轮式车辆对矿堆碾压，造成压实板结，同时利用履带式推土机配合平推，筑堆完毕后使用挖掘机对矿堆进行疏松。此方法可确保矿堆具有最佳渗透指标，筑堆动力为电力，成本较低。因此，采用皮带筑堆法进行筑堆，其施工流程为：固定式皮带输送→移动式皮带转运→推土机平推→挖掘机疏松。

7.3.3　堆场布液与集液

7.3.3.1　堆场布液

堆场布液是堆浸工艺过程中的一个重要技术环节，其目的有二：保证浸出所要求的喷淋强度，保证浸出剂均匀喷淋全矿堆。良好的布液效果可保证浸出液在堆场内均匀渗透，充分浸润矿石，预防浸出盲区，减少浸出液的蒸发损失，对于提高矿石的浸出率具有重要意义。

为改善堆浸的浸出效果，新工艺采用分级筑堆方式进行堆场筑堆，如图 7-9 所示。粗颗粒区域与细颗粒区域渗透性不同，在布液喷淋过程中浸出液的渗透效果存在差异，不同喷淋强度下浸出液渗透存在优先流，如图 7-10 所示。细颗粒区域比表面积大、孔裂隙直径较小，对溶液的吸附能力强，在小喷淋强度下，优先流将发生在细颗粒区域；在大喷淋强度下，细颗粒矿石区将首先达到饱和状态，溶液横向流动进入粗颗粒区，粗颗粒区出液率增大，优先流发生在粗颗粒区。

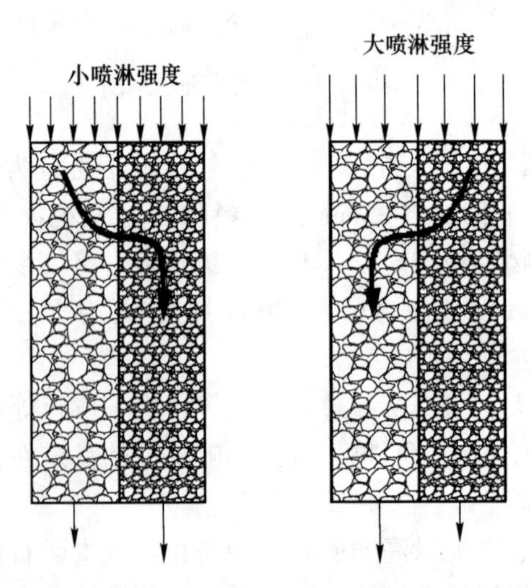

图 7-10　粗细颗粒区内优先流示意图

根据以上分析，为保证堆场浸出液均匀渗透，考虑在浸出过程中根据矿石粒级的不同按照不同的布液强度进行分区布液[159]，其原理如图 7-11 所示，在粗颗粒区域采用高强度布液，在细颗粒区域采用低强度布液，保证浸出液在堆场内部分布均匀，充分与矿石接触反应。一般情况下，堆场喷淋强度为 5～12L/(m^2·h)，生产过程中可依据分区布液设计、矿堆厚度、矿石特性、喷淋时间进行调节。

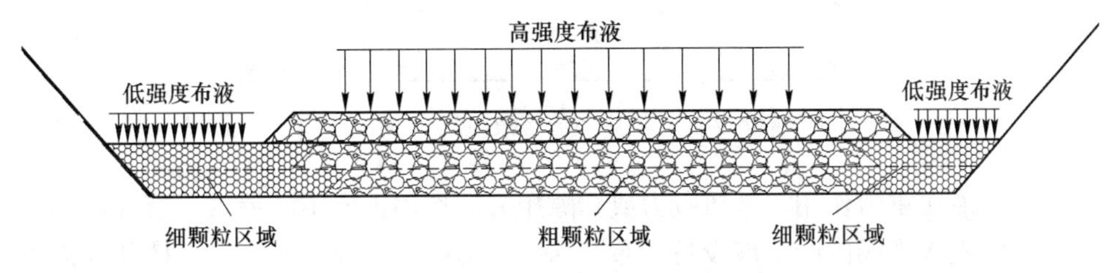

图 7-11 堆场分区布液原理示意图

合理的布液方式是浸出剂均匀喷淋的保证。常用的堆场表面布液方式主要有喷淋式和滴淋式，两种布液方式优缺点对比见表 7-1。

表 7-1 喷淋式布液与滴淋式布液对比

项目	适用条件	优点	缺点
喷淋	适宜不结冰、湿润多雨区域	喷洒较均匀，喷洒量大，喷洒范围广	风影响大，漂移量大，蒸发量大
滴淋	适宜干旱、少雨、风大地区	不易造成堆场堵塞，节水效果好，能耗小	滴水器易堵塞，成本高

喷淋式布液通过旋转式喷头的摇摆及旋转，将浸出剂均匀喷洒到矿堆上，喷头依靠液体冲力完成旋转及摇摆，实现喷洒浸出剂的目的。喷琳式布液具有喷洒均匀、喷洒量大、范围广的优点，但喷洒易受大风影响，在干燥高温季节喷洒的浸出液蒸发量大，此方式适合不结冰、湿润多雨区域。滴淋式布液是在矿堆表面铺设主管道，与主管垂直方向安装支管，沿支管一定距离安装毛细管及滴头，将浸出液滴入矿堆。滴淋法不会把矿石中的泥质颗粒冲刷到矿堆孔隙中造成堵塞，节水效果好、能耗小，但由于滴淋孔较小，滴淋过程中容易结垢堵塞，造成滴淋不均现象，此方式适用于干旱、少雨、风大的地区。

当堆场渗透性较差时，表面布液的方式难以使浸出液渗入堆场深处，可通过堆中布液，在低渗堆场为浸出液创造渗流通道，使浸出液直达堆场内部，解决浸出液渗透困难问题；同时还可减小气候因素对浸出液渗流的影响，促进堆场内部渗流传质以及溶解氧运移，使堆场内部矿石与浸出液、溶氧更好地接触反应[160]，如图 7-12 所示。

堆中布液通过供液系统及堆中布液设备，将溶浸液直接导入堆场中的某一深

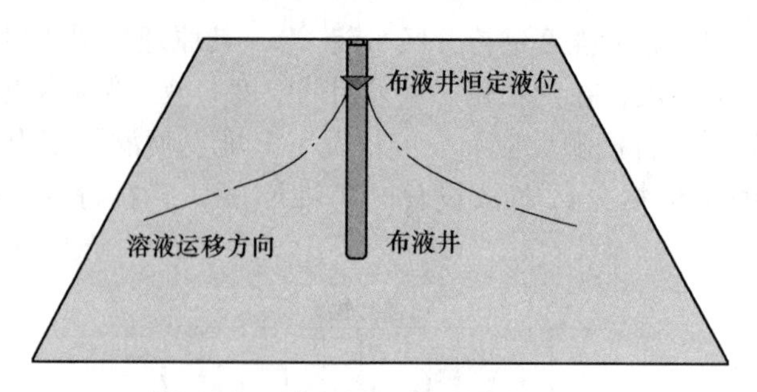

图 7-12 堆中布液溶液渗流示意图

度，使溶液在重力作用、基质吸力或孔隙压力的作用下向堆场渗透。溶浸液通过供液系统进入堆场内的布液设备，布液网络包括砂井、加压垂直管、树状渗流管等。堆中布液运行过程中应合理控制布液压力与布液深度，防止造成溶液渗透短路、造成溶液直接通过布液管网到达堆底的防渗垫层。

7.3.3.2 堆场集液

集液通过集液系统进行，集液系统由堆底排液管道、集液沟、集液总渠和富液池组成。浸出液在重力作用下流入矿堆下方的集液沟内，汇入集液总渠后进入富液池，经澄清、净化，根据浸出液内金属离子浓度高低，或送至金属回收工序进一步处理，或进入泵送往堆浸场循环浸出，直至金属含量达到生产规定浓度，其工艺流程如图 7-13 所示。

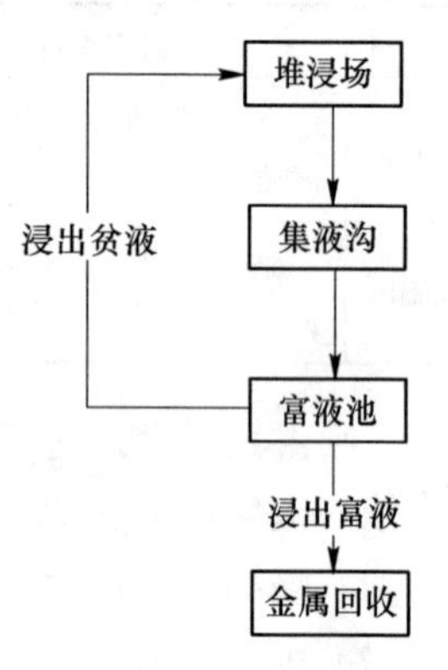

图 7-13 集液流程

堆浸布液与集液为一闭路循环系统，液体不外排。干旱季节，浸出液蒸发损失量大，需注意补加水和浸出剂，以保证循环系统内的浸出液充足；雨季时需做好防洪工作，外部地表水不能流入堆浸系统，同时应减少循环系统内的浸出液。为防止浸出液膨胀外流、污染环境，需建设事故池和石灰中和系统，在液体膨胀时可临时储存，避免污染环境及金属流失。此外，系统内的管道、泵、阀门等装备配件应耐酸碱、耐腐蚀。

7.4 细菌强化浸出技术措施

7.4.1 浸矿细菌大规模培养

堆浸采用细菌强化浸出，首先需要采用人工培育的方式获取足够的浸矿菌种。在浸出过程中，堆浸厂直接暴露在室外，浸出体系将受到空气和土壤中细菌的侵扰，对浸矿体系内浸矿菌种的主导作用产生影响；同时随着浸出反应的进行，浸矿细菌利用浸出液内的营养物质自然繁殖，随浸矿细菌种龄的增加以及传代的延续，细菌的活性将不断降低。因此，在碱性产氨细菌堆浸强化浸出的过程中，需对浸矿细菌进行大规模培养，以获得充足的浸矿菌种，同时保证浸出过程中碱性浸矿细菌在浸出体系内的优势地位。

浸矿菌种的扩大培养流程包括实验室内菌种制备和细菌工业发酵。实验室内菌种的制备可通过摇瓶振荡培养制备，制备的菌种质量好坏主要受到培养基、接种量、培养条件等因素影响，制备过程的影响因素可根据 2. 3 节中的研究结果进行调控。

细菌工业发酵阶段，首先使用种子罐将实验室内制备的菌种进行扩大培养，以得到工业发酵培养所必须的菌种量。工业发酵一般使用发酵罐培养，由于碱性菌 JAT-1 的好氧特性，工业发酵可使用机械搅拌式发酵罐，如图 7-14 所示，其主要功能构件有传动电机、入料口、视镜、取样口、温度控制液进出口、自动控制检测仪器、通气口、排料口、搅拌装置等。罐体一般为带有椭圆形封头、封底的圆柱形不锈钢容器，罐体高径比一般以 2~4 为宜，为便于观察罐内情况，罐顶设有视镜。发酵过程中，需要培养的菌液及培养液从入料口入仓，合格菌液从仓底排料口流出。通风口装有空气分布装置，作用是吹入无菌空气并使空气均匀分布。搅拌装置的作用是消除气泡，使空气与液体均匀接触，使氧溶解于发酵液内，使用大型发酵罐时可配置多个搅拌装置。发酵罐的温度控制通过冷却液出入口进入罐内蛇管进行循环实现。

为控制发酵条件，罐体上装有压力计、温度计、溶氧计、pH 计等自动检测仪器。碱性细菌发酵过程中，pH 值大于 7 时有利于细菌生长，通过 pH 计实时监测以控制发酵 pH 值，过高或过低时及时调节。当温度计检测仓内溶液温度较低时，通过罐内蛇管温度交换器利用工业废热来加热溶液，使温度控制在 30℃左右。仓内溶氧值检测仪显示氧气不足时，通过通气口人工供氧。定期取样分析，溶液内细菌生长所需的营养物质不足时，及时加入培养液，使之满足细菌生长需求。细菌发酵时以 10%的接种量接入浸矿菌种，当细菌浓度生长达到 10^8 个/mL 时，菌液即可使用，通过罐底排料口排出，输送至堆浸生产系统内进行生产浸矿。

7. 4. 2 浸矿细菌活性调控

有细菌参与的堆浸反应，细菌的活性直接决定矿石的浸出效果，尤其是异养型细菌强化浸出过程，目标矿物的浸出通过细菌的代谢产物作为主要浸出剂与矿石发生反应实现，由此可知，细菌强化浸出技术的核心为提高细菌在浸矿体系内的生长及代谢活性。由前文研究分析可知，细菌生长代谢活性及浸矿能力受到外界因素的影响显著，如营养物浓度、溶液内的细菌浓度、温度、pH 值、溶氧等因素。因此，在堆浸过程中，为保证细菌活性、改善浸出效果，有必要对体系内

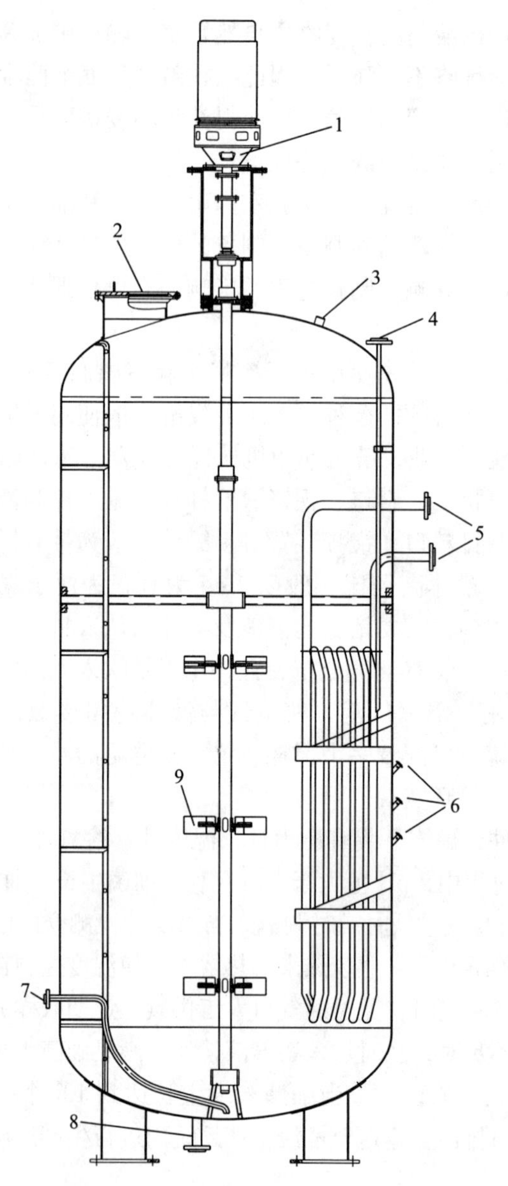

图 7-14 细菌大规模培养装置示意图

1—传动电机；2—入料口；3—视镜；4—取样口；5—温度控制液进出口；
6—自动控制检测仪器；7—通气口；8—排料口；9—搅拌装置

细菌的生长活性以及影响其活性的因素进行监测、调控。

7.4.2.1 细菌浓度监测与调控

堆浸体系是一个开放的浸出体系，浸出过程中外界环境中的细菌可能对体系内浸矿细菌的生长代谢产生干扰。细菌的浓度是细菌活性的重要表征，浸矿细菌的浓度越高，越利于保持其在浸出体系内的优势种群地位，越有利于其生长代谢。

浸出过程中，通过堆内取样对浸出体系内细菌浓度进行取样监测，可利用堆内布液钻孔作为取样孔，为保证监测结果能够较好反应实际情况，取样地点在浸堆内部均匀布置。取样监测周期为1~3d，浸出初期，为及时掌握堆内细菌生长情况，采用较短的监测周期，随细菌在体系内生长区域稳定，可适当延长监测周期。保证细菌在堆内的浓度大于10^7个/mL，若监测结果显示细菌浓度低于此标准值，可通过添加新鲜菌液和新鲜培养液，保证细菌有充足的生长菌种和充足的生长营养物质。

7.4.2.2 浸出液 pH 值监测与调控

浸出液适宜的pH值是细菌保持活性的重要外部条件，pH值同时也可反映出浸出液内氨浓度变化情况。堆浸过程需对体系 pH 值进行监测，保证体系 pH 值维持在细菌适宜生长的范围内。

体系 pH 值可在细菌浓度监测过程中通过取样测试获得，也可以通过在浸堆内部埋设 pH 电极进行实时监测。细菌正常生长、浸矿过程中，体系 pH 值保持在8~10之间较为适宜。当受到外界影响导致体系 pH 值降低时，可通过在浸出喷淋液内加入低浓度 NaOH 溶液进行调控，pH 值过高时，可在浸出液内添加铵盐进行缓冲，同时加入新鲜细菌培养液进行稀释，以缓解 pH 值波动。

7.4.2.3 堆场温度调控

堆内温度控制是保证浸矿细菌活性、提高铜浸出率的关键因素，由前文研究可知，碱性产氨细菌 JAT-1 最佳活性的温度范围为27~33℃，在25~40℃之间浸矿效果较好，因此，在工程应用过程中，将堆场温度控制在25~40℃较利于细菌生长和矿石浸出，可通过在浸堆内埋设热电偶实时监测堆场温度，根据温度监测数据对堆场温度进行调控。

浸矿反应发生在颗粒表面，所产生的热量一方面向大气散发，另一方面向地面传热。由于堆场体积大，向大气和地面传递的热量较小，大部分热量向颗粒内部及颗粒之间的流体传递。因此，在夏季，可通过人工调节溶浸液的流量，促进堆内热量向浸出液传递，将浸堆内温度控制在合适范围内；同时，可加强堆内通风，强化堆内热传递，促进热量向大气散发，达到降温目的。

在冬季或多雨季节，受大气温度或雨水影响，浸堆内温度难以保持在适宜范围内，反应速度也随之下降，此时，需要通过人工增温提高堆内温度。人工增温可通过提高浸出液温度和堆场保温实现。首先，提高浸出液温度，通过浸出液流动扩散，将热量传递给散体颗粒，提高反应体系的温度后，细菌处于活跃状态，反应速度将增快，从而放出更多的热量，促使堆内增温；同时，需对浸堆进行保温，避免热量扩散损失，可在堆场表面铺设塑料地膜[161]，减小外界环境与堆内的热交换，堆场规模较小时，也可通过搭设人工暖房或塑料大棚进行保温。

7.4.2.4　堆场强制通风

氧气是细菌生长和浸出反应必不可少的，向矿堆内充入空气可加速氧气在堆内循环，加大其在溶液中的溶解度，从而提高细菌活性及其浸矿效果。氧气的供应分为两种方式：一种是自然供氧，另一种是强制通风供氧。自然供氧条件下的溶解氧浓度远低于微生物的生长需求，且自然供氧只能渗入矿堆表面以下局部地段，堆内大部分区域气体无法到达，因此，工业应用中一般采用强制通风措施[162]。

生产实践中，在堆场内部布置通风网络，主要包括堆场侧部布置的通风主管以及堆场内部垂直于堆场走向布置的通风支管，主管与支管相连，空气由通风主管压入通风支管进入堆场内部。为使通入空气与浸出液接触、混合均匀，在通风支管上均匀布置气液混合器，将通入空气分散成大量微小气泡，促进气泡中的氧分与浸出液的接触与溶解。为保证强制通风效果，堆场每日可通风 2~3 次，每次 3~5h，通风风压 0.05MPa。寒冷季节为减少浸堆热量流失，可对通风制度进行调节，并可通入热风进行堆场增温。

7.4.3　添加化学助浸剂

碱性产氨细菌 JAT-1 浸铜作用主要为代谢产氨与铜矿物发生反应，浸出的化学反应见 6.1.3 节中式（6-7）~式（6-13），其反应本质与化学氨浸相同，但是实际氨浸应用过程中，由于氨水易挥发、体系 pH 值波动大，且随着氨与铜离子络合反应的不断进行，浸出液中的游离氨不断减少，反应释放的 OH^- 浓度不断增加，使得反应朝不利于浸出的方向移动。因此，工业应用中很少单纯使用氨水作为浸出剂，一般使用铵盐配合浸出。由于加入铵盐，NH_4^+ 会与溶液中的 OH^- 发生式（7-1）的化学反应，不仅可补充溶液中的游离氨，并且可消耗溶液中的 OH^-，缓冲体系 pH 值波动[163]。Wang X[164]通过试验测定了孔雀石在氨与氨-铵盐溶液中的溶解度，结果显示铜在氨-铵盐溶液内的溶解度远高于铜在氨溶液内的溶解度。基于以上分析，铵盐的添加对于铜矿物与氨的络合反应具有促进作用，因此认为，可采用铵盐作为助浸剂，强化产氨细菌对铜矿石的浸出。

$$NH_4^+ + OH^- \longrightarrow NH_3 + H_2O \tag{7-1}$$

常用的铵盐助浸剂主要有氯化铵、硫酸铵与碳酸氨，国内外对此三种铵盐在氨浸过程的助浸效果进行了大量的研究，其中王成彦[165]以高碱性氧化铜矿石为对象，研究了氨-氯化铵、氨-硫酸铵、氨-碳酸氨等不同浸出体系中铜的浸出率，结果显示氨-氯化铵体系中铜浸出效果最佳。由于氯离子半径小、浸出过程扩散较快，在氨与铜矿物反应助浸效果上具有明显优势，故氯化铵可作为产氨细菌浸出铜矿石的有效助浸剂。

此外，针对高结合率氧化铜矿石氨浸，氟化铵也具有显著的助浸作用，其作用机理为：（1）氟离子半径小，在矿石颗粒内部的扩散能力强；（2）氟易与铜的硅酸盐结合矿物发生反应生成氟硅酸盐，导致矿石原有结构破坏，使铜离子被释放并与氨配位生成铜氨络合物[166]。氟化铵作为助浸剂助浸效果好，但是氟化铵对设备腐蚀性强，要求设备材料的抗腐蚀性能好，因此，若使用氟化铵作为产氨菌浸铜的助浸剂，需对其添加量及添加方式进行优化，以减少其对设备的腐蚀。

另外，根据 5.3.1 节中研究结果，产氨细菌对于原生硫化铜的强化浸出作用有限，浸出后原生硫化铜矿物的浸出率均未超过 30%，原生硫化铜的主要成分为黄铜矿，因此可知产氨菌浸铜体系对于黄铜矿的氧化能力较弱，因此可考虑添加具有较强氧化能力的铵盐作为助浸剂，如过硫酸铵 $(NH_4)_2S_2O_8$。已有研究表明[166]，过硫酸铵对硫化铜矿的氧化能力较强，可促进复杂氧化铜矿中硫化铜的浸出，在氨-硫酸铵浸铜体系中，在过硫酸铵浓度 0.1mol/L、温度 30℃、搅拌速度 500r/min、液固比 5：1 的条件下，复杂氧化铜矿中的铜浸出率可达 87%，过硫酸铵在氨-铵盐浸出体系中助浸效果显著。

8 展望与总结

针对高碱性复杂氧化铜矿酸浸酸耗大、易发生化学堵塞、不适用自养型酸性细菌强化浸出以及氨浸工艺复杂、成本高等问题，本文围绕复杂氧化铜矿石碱性浸矿菌种的选育及浸出规律这一核心开展研究。首先，分离选育了一株高效浸矿菌种，并对细菌的生化特征及生长特性进行了研究；其次，研究了细菌的浸铜效果，分析了浸出过程的影响因素并对其进行优化；然后，通过不同的浸矿方式开展了细菌浸铜行为研究，并从固液作用过程及反应动力学的角度揭示了碱性细菌的浸铜机理；最后，针对某氧化铜矿石堆浸工艺存在的问题，提出了复杂氧化铜矿碱性细菌强化浸出新工艺。本书主要结论如下：

（1）从土壤中分离出一株碱性细菌，研究了细菌菌落及菌体的形貌特征，开展了 16S rRNA 基因测序确定其种属信息并对其命名，开展细菌生长特性研究，揭示了其生长代谢机制。

1）使用牛肉膏蛋白胨琼脂培养基和尿素培养基从土壤样品中分离出一株碱性细菌，该细菌可分解培养基中的尿素产氨，并在碱性条件下保持活性。

2）细菌菌落为乳白色，圆形，直径为 1～2mm，边缘光滑；菌体呈短杆状，长约 1～3μm，直径约 0.3～0.6μm；细菌革兰氏为阴性，菌体外部形态为直杆状，培养液内呈松散状排列。

3）提取分析细菌的基因序列并开展 16S rRNA 鉴定，结果显示，筛选出的细菌属于 *Providencia* 属，与 *Providencia sp*. NCCP-604 同源性最高，结合种属信息将其命名为 *Providencia sp*. JAT-1。

4）该细菌为异养型细菌，细菌的生长需要培养基为其提供碳源和氮源。细菌可利用有机碳源作为生长及代谢的能源，不可利用无机碳源，最佳碳源为柠檬酸钠，最佳浓度为 10g/L；尿素为细菌生长的氮源，最佳浓度为 20g/L。

5）细菌的最佳生长代谢条件为：温度 30℃、初始 pH＝8、接种量 20%、振荡速率 180r/min。在最佳培养条件下，细菌具有较好的生长代谢活性，对数期细菌浓度最高达 4.95×10^{8}个/mL，培养液中氨浓度最高达 14.33g/L。

（2）开展细菌矿浆驯化试验，提高了细菌对矿浆的适应性，确定了细菌浸出的适宜矿浆浓度；开展紫外与化学两阶段复合诱变，改良了细菌的生长代谢活性，提升了细菌的浸铜能力，获得了高效的碱性浸铜菌种。

1）矿浆驯化提高了细菌对浸矿环境的适应性。驯化后，细菌可正常生长的最高矿浆浓度为 14%，超过此矿浆浓度细菌生长将逐渐受到抑制；细菌所能承受的矿浆浓度极限为 20%，超过此浓度，细菌将无法正常生长。

2）紫外诱变提升了细菌的生长及产氨能力，最佳紫外诱变时间为 120s。与原始菌种相比，紫外诱变后稳定期细菌浓度提升约 26%，产氨能力提升约 12%，诱变菌浸铜能力提升了 18.6%。

3）以紫外诱变菌为出发菌株进行细菌化学诱变，化学诱变的最佳诱变剂浓度为 1.5%。与出发菌株相比，所获最佳化学诱变菌细菌稳定期浓度提升 17%，产氨能力提升 6%。

4）经过紫外与化学两阶段复合诱变，细菌的生长活性与浸矿能力得到大幅提升，与原始菌种相比，复合诱变菌株的稳定期浓度提升 42.3%，代谢产氨能力提升 19%，细菌的浸铜能力提升了约 39%。

（3）考察了温度、细菌接种量、初始 pH 值、矿浆浓度、矿石粒径、搅拌速度对碱性细菌浸矿效果的影响，通过 Plackett-Burman 与 Box-Behnken 试验设计，筛选了细菌浸铜的关键影响因素并进行优化，实现了铜离子的高效浸出。

1）考察了不同因素对碱性菌 JAT-1 浸铜的影响，结果表明，铜的浸出率随温度升高呈现先增大后减小趋势，随细菌接种量增大而增大，随初始 pH 值升高呈现先增大后减小趋势，随矿浆浓度的升高而降低，随矿石粒径的减小呈现先增大后减小趋势，随搅拌速度的升高而升高。

2）通过 Plackett-Burman 试验，筛选获得了碱性细菌 JAT-1 浸出铜矿石的关键影响因素为：温度、细菌接种量、矿浆浓度、尿素浓度，其影响重要性排序为：尿素浓度>温度>细菌接种量>矿浆浓度。

3）通过 Box-Behnken 响应曲面试验，建立了铜浸出率与温度、细菌接种量、矿浆浓度以及尿素浓度的关系模型，分析了各因素交互作用对铜浸出的影响，结果表明，当温度 30~32℃、细菌接种量 24%~26%、矿浆浓度 2%~5%、尿素浓度 15~21g/L 时，铜浸出率存在最大响应值。

4）基于铜浸出率与温度、细菌接种量、矿浆浓度及尿素浓度的关系模型，考虑浸矿成本与效率，获得了最优细菌浸矿试验条件：温度 31℃、细菌接种量 26%、矿浆浓度 5%、尿素浓度 18g/L。优化条件下的铜浸出率平均达 58.38%，与模型预测值较好吻合，较优化前铜浸出率有所提高。

（4）设计并开展了细菌三步骤浸矿试验，考察了不同浸出方式的浸铜效果，分析了浸出前后矿石颗粒性质变化规律，以及细菌直接吸附对浸出的影响，探明了细菌代谢产物的浸出作用，揭示了细菌及其代谢产物的浸出作用机理。

1）不同浸矿方式下，铜浸出率均随矿浆浓度的升高而降低，铜矿石中游离氧化铜、结合氧化铜与次生硫化铜浸出效果较好，浸出率均高于 60%，而原生硫化铜矿难以被浸出，浸出率低于 30%。

2）浸出后矿石颗粒表面均被明显侵蚀，孔裂隙发育明显，比表面积增大，矿样比表面积由大到小分别为：二步骤浸出矿样>一步骤浸出矿样>代谢产物浸出矿样，颗粒内部孔体积增大且表现出与比表面积相同的增大趋势。

3）碱性产氨细菌浸出铜矿石的过程中，存在细菌对矿石的直接浸出作用以及细菌通过代谢产物对矿石的间接浸出作用，而铜的浸出主要由细菌间接浸出作用决定，即细菌代谢产物的浸出作用。

4）碱性细菌直接吸附于矿石表面，产生侵蚀导致矿石表面孔裂隙发育，促进矿石与细菌代谢产物氨的接触与反应，导致有菌作用条件下铜浸出率高于无菌条件下的铜浸出率。

5）铜矿石的浸出主要通过细菌的代谢产物氨与矿石发生络合反应实现浸出，此外，细菌代谢产物中的有机化合物，通过与矿物中的金属离子配位络合，进一步促进了矿物表面的溶蚀以及孔裂隙发育，强化了氨与铜离子的络合作用。

（5）探讨了碱性细菌浸铜过程的固液作用及矿石侵蚀机理，在考虑浸出剂浓度变化的条件下，构建了异养型细菌浸矿反应动力学模型，揭示了产氨细菌浸铜固液反应的控制步骤，获取了浸出反应的表观活化能。

1）分析了浸出溶液与矿石颗粒接触过程的沾湿行为及铺展行为，揭示了溶液在矿石表面的吸附规律，探讨了矿物表面活化能对固-液界面替代固-气界面的影响，通过溶液在矿物表面的接触角表征了溶液在矿石颗粒表面吸附的难易。

2）归纳了细菌在矿物表面的吸附过程为初始吸附、牢固吸附、生物膜形成三个过程，分析了细菌因素与矿石颗粒性质对细菌吸附的影响，探讨了细菌吸附的特点及对矿物颗粒表面性质的影响。

3）揭示了碱性细菌浸出过程生物侵蚀作用与化学侵蚀作用机理，将矿物侵蚀过程分为四个阶段：溶液吸附、溶液扩散、反应侵蚀、颗粒崩解，分析了各侵蚀阶段的特点及矿物结构变化规律。

4）在考虑浸出剂浓度变化条件下，构建了碱性细菌浸铜固液反应动力学模型，从反应动力学角度揭示了产氨细菌浸出铜矿的过程机理，发现了碱性产氨细菌浸铜过程的控制步骤为化学反应控制，获得了浸出反应的表观活化能为27.26kJ/mol。

（6）针对氧化铜矿石酸法堆浸工艺存在的问题，首次提出了碱性细菌堆浸新工艺，并优化了堆浸实施方案，解决了原工艺存在的技术问题，提出了细菌强化浸出技术措施，形成了复杂氧化铜矿碱性细菌浸出工艺原型。

1）某铜矿山氧化铜矿石由于矿石性质复杂、伴生有原生及次生硫化铜矿，且含泥量大、结合率高，酸法堆浸工艺存在堆浸渗透性差、化学沉淀阻碍浸出、酸耗高、无法利用细菌强化浸出的问题，严重影响了矿石的经济高效处理。

2）基于堆浸技术，结合碱性细菌浸铜的特点，提出复杂氧化铜矿碱性细菌堆浸新工艺，解决了酸法堆浸工艺存在化学沉淀阻碍浸出、浸出剂消耗大、无法利用细菌强化浸出的问题。

3）从堆场底部结构铺设、矿石筑堆、堆场布液的角度对新工艺实施方案进行优化，采用粗细颗粒分区筑堆、粗颗粒区高强度布液、细颗粒区低强度布液的方式，解决了松散细碎、含泥量大的矿石堆浸渗透性能差的问题，形成分级筑堆分区布液的工艺实施方案。

4）研究了细菌大规模培养技术流程并确定了相关培养技术指标，为确保浸矿菌种的活性，提出堆场细菌浓度调控、pH 值调控、温度调控、强制通风技术措施，筛选不同种类铵盐作为细菌浸铜的助浸剂并分析了其助浸机理，形成细菌强化浸出技术。

参 考 文 献

[1] 李鹏远 . 我国铜供需形势及市场机制分析 [D]. 北京：中国地质大学（北京），2012.

[2] 周平 . 新常态下中国铜资源供需前景分析与预测 [D]. 北京：中国地质大学（北京），2015.

[3] 陈从喜 . 试论矿产资源综合利用与地质找矿 [J]. 国土资源情报，2009，7：13~19.

[4] 余斌，饶振华 . 论铜矿资源特点及其开发技术发展趋势 [J]. 矿产综合利用，1998（4）：30~35.

[5] 王恭敏. 中国目前铜矿冶的现状和发展 [C]//2001 年国际铜工业峰会论文集 . 2001.

[6] 方建军 . 汤丹难处理氧化铜矿高效利用新技术及产业化研究 [D]. 昆明：昆明理工大学，2009.

[7] 许志华 . 铜工艺矿物学 [J]. 广东有色金属学报，1999，9（1）：1~8.

[8] 吴爱祥，王洪江，杨保华，等 . 溶浸采矿技术的进展与展望 [J]. 采矿技术，2006，6（3）：39~48.

[9] Norgate T，Jahanshahi S. Low grade ores-Smelt，leach or concentrate? [J]. Minerals Engineering，2010，23（2）：65~73.

[10] 吉兆宁 . 溶浸采矿技术及其环境价值 [J]. 有色冶炼，2002（6）：119~121.

[11] 戴艳萍 . 氧化铜矿的化学处理研究 [D]. 赣州：江西理工大学，2010.

[12] 李青山，刘日辉 . 氧化铜矿的湿法冶金及其进展 [J]. 湿法冶金，1992（3）：9~12.

[13] 纪翠翠 . 高碱性氧化铜矿石的氨浸 [D]. 昆明：昆明理工大学，2009.

[14] 杨秀媛，姜广大 . 氧化铜矿的浮选 [J]. 有色矿冶，1992（1）：14~18.

[15] 毛素荣，杨晓军，何剑，等 . 难选氧化铜矿的处理工艺与前景 [J]. 国外金属矿选矿，2008，45（8）：5~8.

[16] 罗溪梅，童雄，王云帆 . 难选氧化铜矿的处理 [J]. 矿业研究与开发，2010（1）：42~45.

[17] 张建文，覃文庆，张雁生，等 . 某低品位难选氧化铜矿浮选试验研究 [J]. 矿冶工程，2009，29（4）：39~43.

[18] Lee K，Archibald D，McLean J，et al. Flotation of mixed copper oxide and sulphide minerals with xanthate and hydroxamate collectors [J]. Minerals Engineering，2009，22（4）：395~401.

[19] 刘殿文，尚旭，方建军，等 . 微细粒氧化铜矿物浮选方法研究 [J]. 中国矿业，2010，19（1）：79~81.

[20] Huang C J，Liu J C. Precipitate flotation of fluoride-containing wastewater from a semiconductor manufacturer [J]. Water Research，1999，33（16）：3403~3412.

[21] 杨耀宗，王宗荣 . 处理难选氧化铜矿石新工艺——氨浸硫化沉淀浮选法和水热 [J]. 云南冶金：科学技术版，1989（1）：18~20.

[22] 印万忠，吴凯 . 难选氧化铜矿选冶技术现状与展望 [J]. 有色金属工程，2013，3（6）：66~70.

[23] Biswas A K，Davenport W G. Extractive Metallurgy of Copper：International Series on Materials Science and Technology [M]. Elsevier，2013.

[24] Habbache N，Alane N，Djerad S，et al. Leaching of copper oxide with different acid solutions

[J]. Chemical Engineering Journal, 2009, 152 (2): 503~508.

[25] 姚高辉，严佳龙，王洪江，等．高含泥氧化铜矿加温搅拌浸出试验研究［J］．中国科技论文在线，2010，11（5）：855.

[26] 程琼，章晓林，刘殿文，等．某高碱性氧化铜矿常温常压氨浸试验研究［J］．湿法冶金，2006，25（2）：74~77.

[27] 吴爱祥，胡凯建，王贻明，等．含碳酸盐脉石氧化铜矿的酸浸动力学［J］．工程科学学报，2016，38（6）：760~766.

[28] Sand W, Gehrke T, Jozsa P G, et al. Biochemistry of bacterial leaching-direct vs. indirect bioleaching [J]. Hydrometallurgy, 2001, 59 (2): 159~175.

[29] Bartos P J. SX-EW copper and the technology cycle [J]. Resources Policy, 2002, 28 (3): 85~94.

[30] 王红鹰，郑伟．铜的浸出—萃取—电积工艺及萃取剂［J］．湿法冶金，2002，21（1）：5~9.

[31] 希克，冀湘．智利埃尔阿布拉铜矿［J］．国外金属矿山，1996，21（10）：25~30.

[32] 招国栋，吴超，伍衡山．高碱性低品位氧化铜矿搅拌浸出研究［J］．矿业研究与开发，2010（3）：55~57.

[33] 李静，吴斌，吴国振．白银公司低品位氧化矿酸浸试验研究［J］．甘肃有色金属，2002，17（4）：30~36.

[34] 刘小平，刘炳贵．氧化铜矿搅拌酸浸试验研究［J］．矿冶工程，2004，24（6）：51~52.

[35] 吕萍．低品位高含泥氧化铜矿制粒堆浸新工艺的研究［J］．矿业研究与开发，2001，21（2）：32~34.

[36] 严佳龙，王洪江，吴爱祥，等．羊拉铜矿氧化铜矿柱浸扩大试验研究［J］．矿冶工程，2011，31（2）：79~82.

[37] 严佳龙，吴爱祥，王洪江，等．酸法堆浸中矿石结垢及防垢机理研究［J］．金属矿山，2010，10：68~72.

[38] Liu Z X, Yin Z L, Xiong S F, et al. Leaching and kinetic modeling of calcareous bornite in ammonia ammonium sulfate solution with sodium persulfate [J]. Hydrometallurgy, 2014, 144: 86~90.

[39] Bingöl D, Canbazoğlu M, Aydoğan S. Dissolution kinetics of malachite in ammonia/ammonium carbonate leaching [J]. Hydrometallurgy, 2005, 76 (1): 55~62.

[40] Ekmekyapar A, Oya R, Künkül A. Dissolution kinetics of an oxidized copper ore in ammonium chloride solution [J]. Chemical and Biochemical Engineering Quarterly, 2003, 17 (4): 261~266.

[41] 李运刚．低品位氧化铜矿还原焙烧—氨浸试验研究［J］．矿产综合利用，2000（6）：7~10.

[42] 马建业，刘云清，胡惠萍，等．汤丹氧化铜矿石尾矿在氨水-碳酸铵溶液中的浸出试验研究［J］．湿法冶金，2012，31（1）：20~24.

[43] 烟伟．混合铜矿的常压氨浸与高压氨浸［J］．湿法冶金，2001，20（2）：76~78.

[44] 张振健．汤丹铜精矿焙烧—氨浸—萃取电积新工艺研究［J］．有色金属：冶炼部分，1999（4）：16~20.

[45] 程琼，张文彬．汤丹高钙镁氧化铜矿氨浸技术的进展［J］．云南冶金，2005，34（6）：17~20.

[46] 高保胜，王洪江，吴爱祥，等．某铜矿尾矿氨浸影响因素试验研究［J］．金属矿山，2009（11）：169~171.

[47] 蒋训雄，李新财．用活化浸出工艺从低品位氧化铜矿中回收铜［J］．有色金属，1996，48（2）：54~60.

[48] 张文彬．氧化铜矿浮选研究与实践［M］．长沙：中南工业大学出版社，1992.

[49] Rohwerder T，Gehrke T，Kinzler K，et al. Bioleaching review part A［J］. Applied Micro-Biology and Biotechnology，2003，63（3）：239~248.

[50] Alvarez S，Jerez C A. Copper ions stimulate polyphosphate degradation and phosphate efflux in Acidithiobacillus ferrooxidans［J］. Applied and Environmental Microbiology，2004，70（9）：5177~5182.

[51] Bosecker K. Bioleaching：Metal solubilization by microorganisms［J］. FEMS Microbiology Reviews，1997，20（3~4）：591~604.

[52] 李广泽，王洪江，吴爱祥，等．生物浸矿技术研究现状［J］．湿法冶金，2014，33（2）：82~85.

[53] Jena P K，Rath M，Mishra C S K. Metal and Mineral Recovery through Bioleaching［J］. Biotechnology Applications，2009：309.

[54] Brierley J. A expanding role of microbiology in metallurgical processes［J］. Mining Engineering，2000，52（11）：49.

[55] 李雄，柴立元，王云燕．生物浸矿技术研究进展［J］．工业安全与环保，2006，32（3）：1~3.

[56] Watling H R. The bioleaching of sulphide minerals with emphasis on copper sulphides-a review［J］. Hydrometallurgy，2006，84（1）：81~108.

[57] 徐茗臻．湿法炼铜技术在江西铜业公司的应用［J］．湿法冶金，2000，19（4）：26~30.

[58] Yang S R，Xie J Y，Qiu G Z，et al. Research and application of bioleaching and biooxidation technologies in China［J］. Minerals Engineering，2002，15：361~363.

[59] 刘媛媛，谭光伟．难采难选低品位铜矿石地下溶浸工业化试验［J］．矿冶，2002，11（3）：15~18.

[60] Ruan R M，Wen J K，Chen J H. Bacterial heap-leaching：Practice in Zijinshan copper mine［J］. Hydrometallurgy，2006，83：77~82.

[61] 温建康，阮仁满，陈景河，等．紫金山铜矿生物堆浸提铜酸铁平衡工艺研究［J］．稀有金属，2006，30（5）：661~665.

[62] 张雁生．低品位原生硫化铜矿的细菌浸出研究［D］．长沙：中南大学，2007.

[63] 杨显万，沈庆峰，郭玉霞．微生物湿法冶金［M］．北京：冶金工业出版社，2003.

[64] 黄海炼，黄明清，刘伟芳，等．生物冶金中浸矿微生物的研究现状［J］．湿法冶金，2011，30（3）：184~189.

[65] 周吉奎．三类生物冶金微生物菌种的选育及其与矿物作用研究［D］．长沙：中南大学，2004.

[66] Nemati M, Harrison S T L. A comparative study on thermophilic and mesophilic biooxidation of ferrous iron [J]. Minerals Engineering, 2000, 13 (1): 19~24.

[67] Konishi Y, Tokushige M, Asai S. Bioleaching of chalcopyrite concentrate by acidophilic thermophile Acidianus brierleyi [J]. Process Metallurgy, 1999, 9: 367~376.

[68] 段红. 三株喜温嗜酸硫杆菌菌种保藏及其遗传多样性比较研究 [D]. 长沙: 中南大学, 2013.

[69] 邱冠周. 氧化亚铁硫杆菌生产过程铁的行为 [J]. 中南工业大学学报, 1998, 29 (3): 226~228.

[70] Tuovinen O H, Kelly D P. Studies on the growth of *Thiobacillus ferrooxidans* [J]. Archives of Microbiology, 1973, 88 (4): 285~298.

[71] 胡岳华, 康自珍. 氧化亚铁硫杆菌的细菌学描述 [J]. 湿法冶金, 1996 (4): 36~40.

[72] Sand W, Rohde K, Sobotke B, et al. Evaluation of *Leptospirillum ferrooxidans* for leaching [J]. Applied and Environmental Microbiology, 1992, 58 (1): 85~92.

[73] 姜国芳, 刘亚洁, 乐长高. 氧化硫硫杆菌的研究进展 [J]. 生物学杂志, 2005, 22 (1): 11~13.

[74] 姚传忠, 张克强, 季民, 等. 排硫硫杆菌生物强化处理含硫废水 [J]. 中国给水排水, 2004, 20 (2): 57~59.

[75] Xie Q, Yu L, Li Z, et al. A novel method of dissolving realgar by immobilized Acidithiobacillus ferrooxidans [J]. International Journal of Mineral Processing, 2015, 143: 39~42.

[76] Harneit K, Göksel A, Kock D, et al. Adhesion to metal sulfide surfaces by cells of Acidithiobacillus ferrooxidans, Acidithiobacillus thiooxidans and Leptospirillum ferrooxidans [J]. Hydrometallurgy, 2006, 83 (1): 245~254.

[77] Fowler T A, Holmes P R, Crundwell F K. Mechanism of pyrite dissolution in the presence of thiobacillus ferrooxidans [J]. Applied and Environmental Microbiology, 1999, 65 (7): 2987~2993.

[78] Chen L, Brügger K, Skovgaard M, et al. The genome of sulfolobus acidocaldarius, a model organism of the crenarchaeota [J]. Journal of Bacteriology, 2005, 187 (14): 4992~4999.

[79] 李宏煦. 硫化铜矿的生物冶金 [M]. 北京: 冶金工业出版社, 2007.

[80] 邹平, 杨家明, 周兴龙, 等. 嗜热嗜酸菌对低品位原生硫化铜矿的柱浸试验 [J]. 有色金属, 2003, 55 (4): 48~50.

[81] 李宏煦, 董清海, 苍大强, 等. 高温浸矿菌 sulfolobus 的生长及浸矿性能 [J]. 北京科技大学学报, 2007, 29 (1): 20~24.

[82] Buisman C J N, Lettinga G, Paasschens C W M, et al. Biotechnological sulphide removal from effluents [J]. Water Science and Technology, 1991, 24 (3~4): 347~356.

[83] 帕特拉·P, 张兴仁, 李长根. 在尾矿脱硫工艺中用微生物强化除去脉石矿物中的黄铁矿和黄铜矿 [J]. 国外金属矿选矿, 2005, 42 (5): 32~33.

[84] Appukuttan D, Nilgiriwala K S, Misra C, et al. Natural and Recombinant Bacteria for Bioremediation of Uranium from Acidic/Alkaline Aqueous Solutions in High Radiation Environment [J]. Journal of Biotechnology, 2010, 150: 53.

[85] 巴迎迎，张通，吕静，等．一株碱性脱除硫酸盐细菌的筛选及其生长特性研究［J］．环境工程学报，2009(9)：1639~1642.

[86] 龙腾发，柴立元，傅海洋．碱性介质中还原高浓度细菌的分离及其特性［J］．应用与环境生物学报，2006，12（1）：80~83.

[87] Zhang Jianbin，Zhang Tong，Ma Kai，et al. Isolation and identification of the thermophilic alkaline desulphuricant strain［J］. Science in China Press，2008，51（2）：158~165.

[88] Fry B A，Peel J L. Autotrophic micro-organisms［M］. Cambridge University Press，2016.

[89] 漆辉洲，陈红，敖敬群，等．一株深海中等嗜热嗜酸菌的分离及鉴定［J］．海洋学报，2009（2）：152~158.

[90] Iiyas S，Lee J，Chi R. Bioleaching of metals from electronic scrap and its potential for commercial exploitation［J］. Hydrometallurgy，2013，131：138~143.

[91] Gericke M，Govender Y，Pinches A. Tank bioleaching of low-grade chalcopyrite concentrates using redox control［J］. Hydrometallurgy，2010，104（3）：414~419.

[92] Koren D W，Gould W D，Bedard P. Biological removal of ammonia and nitrate from simulated mine and mill effluents［J］. Hydrometallurgy，2000，56（2）：127~144.

[93] Sorokin D Y，Tourova T P，Lysenko A M，et al. Thioalkalivibrio thiocyanoxidans sp. nov. and Thioalkalivibrio paradoxus sp. nov.，novel alkaliphilic，obligately autotrophic，sulfur-oxidizing bacteria capable of growth on thiocyanate，from soda lakes［J］. International Journal of Systematic and Evolutionary Microbiology，2002，52（2）：657~664.

[94] Sorokin D Y，Kuenen J G. Haloalkaliphilic sulfur-oxidizing bacteria in soda lakes［J］. FEMS Microbiology Reviews，2005，29（4）：685~702.

[95] 胡凯光，谭凯旋，杨仕教，等．微生物浸矿机理和影响因素探讨［J］．湿法冶金，2004，23（3）：113~121.

[96] Simate G S，Ndlovu S，Walubita L F. The fungal and chemolithotrophic leaching of nickel laterites Challenges and opportunities［J］. Hydrometallurgy，2010，103（1）：150~157.

[97] Moy Y P，Madgwick J C. The effect of manganous ion on carbohydrate use during heterotrophic bacterial leaching of manganese dioxide tailings［J］. Hydrometallurgy，1996，43（1~3）：257~264.

[98] Tzeferis P G. Use of molasses in heterotrophic laterite leaching［J］. Erzmetall（Germany），1995，48（10）：726~738.

[99] Jain N，Sharma D K. Biohydrometallurgy for nonsulfidic minerals-a review［J］. Geomicrobiology Journal，2004，21（3）：135~144.

[100] Willscher S，Bosecker K. Studies on the leaching behaviour of heterotrophic microorganisms isolated from an alkaline slag dump［J］. Hydrometallurgy，2003，71（1）：257~264.

[101] Amiri F，Mousavi S M，Yaghmaei S. Enhancement of bioleaching of a spent Ni/Mo hydroprocessing catalyst by Penicillium simplicissimum［J］. Separation and Purification Technology，2011，80（3）：566~576.

[102] 王军．低品位铜矿细菌浸出理论与工艺研究［D］．长沙：中南工业大学，1999.

[103] Escoba B J，Jedlicki E T. A method for evaluating the proportion of free and attached bacteria

in the bio-leaching of chalcopyrite with *thiobacillus ferrooxidans* [J]. Hydrometallurgy, 1996, 40: 1~10.

[104] Rodrıguez Y, Ballester A, Blazquez M L, et al. New information on the chalcopyrite bioleaching mechanism at low and high temperature [J]. Hydrometallurgy, 2003, 71 (1): 47~56.

[105] 方兆珩. 硫化矿细菌氧化浸出机理 [J]. 黄金科学技术, 2002, 10 (5): 26~28.

[106] Simate G S, Ndlovu S, Walubita L F. The fungal and chemolithotrophic leaching of nickel laterites—Challenges and opportunities [J]. Hydrometallurgy, 2010, 103 (1): 150~157.

[107] Tongamp W, Takasaki Y, Shibayama A. Arsenic removal from copper ores and concentrates through alkaline leaching in NaHS media [J]. Hydrometallurgy, 2009, 98 (3): 213~218.

[108] Burgstaller W, Schinner F. Leaching of metals with fungi [J]. Journal of Biotechnology, 1993, 27 (2): 91~116.

[109] Willscher S, Pohle C, Sitte J, et al. Solubilization of heavy metals from a fluvial AMD generating tailings sediment by heterotrophic microorganisms: Part Ⅰ: Influence of pH and solid content [J]. Journal of Geochemical Exploration, 2007, 92 (2): 177~185.

[110] Beveridge T J. The structure of bacteria [M]. Bacteria in Nature. Springer US, 1989.

[111] Drever J I, Stillings L L. The role of organic acids in mineral weathering [J]. Colloids and Surfaces A: Physicochemical and Engineering Aspects, 1997, 120 (1~3): 167~181.

[112] Tzeferis P G, Agatzini-Leonardou S. Leaching of nickel and iron from Greek non-sulphide nickeliferous ores by organic acids [J]. Hydrometallurgy, 1994, 36 (3): 345~360.

[113] Gottschalk G. Bacterial metabolism [M]. Springer Science and Business Media, 2012.

[114] Welch S A, Vandevivere P. Effect of microbial and other naturally occurring polymers on mineral dissolution [J]. Geomicrobiology Journal, 1994, 12 (4): 227~238.

[115] Avakyan Z A. Microflora of rock and its role in the leaching of silicate minerals [J]. Biogeotechnology of Metals, 1985: 175~194.

[116] Ghiorse W C. Biology of iron-and manganese-depositing bacteria [J]. Annual Reviews in Microbiology, 1984, 38 (1): 515~550.

[117] Rusin P, Cassells J, Sharp J, et al. Bioprocessing of refractory oxide ores by bioreduction: Extraction of silver, molybdenum, and copper [J]. Minerals Engineering, 1992, 5 (10~12): 1345~1354.

[118] Chi T D, Lee J, Pandey B D, et al. Bioleaching of gold and copper from waste mobile phone PCBs by using a cyanogenic bacterium [J]. Minerals Engineering, 2011, 24 (11): 1219~1222.

[119] Groudeva V, Krumova K, Groudev S. Bioleaching of a rich-in-carbonates copper ore at alkaline pH [J]. Advanced Materials Reseach, 2007, 20: 103~106.

[120] 黄国胜, 刘光洲, 段东霞. 产氨菌对 B30 铜镍合金腐蚀的影响 [J]. 腐蚀与防护, 2005, 26 (8): 333~335.

[121] 王洪江, 吴爱祥, 熊有为, 等. 一株产氨浸铜细菌的分离与鉴定 [J]. 北京科技大学学报, 2014, 36 (11): 1443~1447.

[122] 林先贵. 土壤微生物研究原理与方法 [M]. 北京: 高等教育出版社, 2010: 52~62.

[123] 徐德峰，李彩虹，王雅玲，等．细菌革兰氏染色探究式实验教学的设计和实施效果分析［J］．微生物学通报，2013，40（5）：871~876.

[124] Zhang Y，Peng A，Yu Y，et al. Isolation，characterization of *Acidiphilium sp*. DX1-1 and ore bioleaching by this acidophilic mixotrophic organism［J］. Transactions of Nonferrous Metals Society of China，2013，23（6）：1774~1782.

[125] Tamura K，Peterson D，Peterson N，et al. MEGA5：Molecular evolutionary genetics analysis using maximum likelihood，evolutionary distance，and maximum parsimony methods［J］. Molecular Biology and Evolution，2011，28（10）：2731~2739.

[126] 吴茂红，吴时耕．菌种的保存方法介绍［J］．江西医学检验，2004，22（6）：545~546.

[127] 温建康，姚国成，陈勃伟，等．温度对浸矿微生物活性及铜浸出率的影响［J］．北京科技大学学报，2009，31（3）：295~299.

[128] 陈燕飞．pH 对微生物的影响［J］．太原师范学院学报：自然科学版，2009（3）：121~124.

[129] 林海．环境工程微生物学［M］．北京：冶金工业出版社，2008：86.

[130] 王丽．微生物诱变［J］．河北化工，2009，32（7）：30~31.

[131] Wu X，Qiu G，Jian G，et al. Mutagenic breeding of silver-resistant Acidithiobacillus ferrooxidans and exploration of resistant mechanism［J］. Transactions of Nonferrous Metals Society of China，2007，17（2）：412~417.

[132] Xiong Y，Hu J，Lin B，et al. Study on the domestication and mutagenic selection of *Thiobacillus ferrooxidans*［J］. Multipurpose Utilization of Mineral Resources，2001，6：27~31.

[133] Haghshenas D F，Alamdari E K，Torkmahalleh M A，et al. Adaptation of Acidithiobacillus ferrooxidans to high grade sphalerite concentrate［J］. Minerals Engineering，2009，22（15）：1299~1306.

[134] 徐晓军，孟运生，宫磊，等．氧化亚铁硫杆菌紫外线诱变及对低品位黄铜矿的浸出［J］．矿冶工程，2005，25（1）：34~36.

[135] 郭爱莲，孙先锋，朱宏莉，等．He-Ne 激光、紫外线诱变氧化亚铁硫杆菌及耐砷菌株的选育［J］．光子学报，1999，28（8）：718~720.

[136] Dong Y，Lin H，Wang H，et al. Effects of ultraviolet irradiation on bacteria mutation and bioleaching of low-grade copper tailings［J］. Minerals Engineering，2011，24（8）：870~875.

[137] Pullman A，Pullman B. On the mechanism of ultraviolet-induced mutations［J］. Biochimica Et Biophysica Acta，1963，75：269~271.

[138] 徐晓军，宫磊，孟云生，等．硫杆菌的化学诱变及对低品位黄铜矿的浸出［J］．金属矿山，2004（8）：42~44.

[139] 张继成．紫外光、盐酸羟胺强化 *At.f* 菌浸出铜尾矿中重金属研究［D］．重庆：重庆大学，2013.

[140] 董颖博，林海，傅开彬，等．细菌化学诱变对低品位铜尾矿微生物浸出的影响［J］．北京科技大学学报，2011，33（5）：532~538.

[141] Haghshenas D F，Bonakdarpour B，Alamdari E K，et al. Optimization of physicochemical parameters for bioleaching of sphalerite by *Acidithiobacillus ferrooxidans* using shaking bioreactors

[J]. Hydrometallurgy，2012，111：22~28.

[142] Arshadi M，Mousavi S M. Simultaneous recovery of Ni and Cu from computer-printed circuit boards using bioleaching：Statistical evaluation and optimization [J]. Bioresource Technology，2014，174：233~242.

[143] Deveci H. Effect of particle size and shape of solids on the viability of acidophilic bacteria during mixing in stirred tank reactors [J]. Hydrometallurgy，2004，71（3）：385~396.

[144] Khuri A I，Mukhopadhyay S. Response surface methodology [J]. Wiley Interdisciplinary Reviews：Computational Statistics，2010，2（2）：128~149.

[145] 艾纯明. 表面活性剂强化铜矿石浸出的实验与理论研究 [D]. 北京：北京科技大学，2015.

[146] 王永斌，王允祥. 玉米黑粉菌培养条件响应面法优化研究 [J]. 中国酿造，2006，25（5）:56~60.

[147] Liu Z，Yin Z，Hu H，et al. Leaching kinetics of low-grade copper ore containing calcium-magnesium carbonate in ammonia-ammonium sulfate solution with persulfate [J]. Transactions of Nonferrous Metals Society of China，2012，22（11）：2822~2830.

[148] 欧阳健明. 生物矿物及其矿化过程 [J]. 化学进展，2005，17（4）：749~756.

[149] 谢先德，张刚生，贾建业. 微生物-矿物相互作用之环境意义的研究 [J]. 岩石矿物学杂志，2001，20（4）：382~386.

[150] 鲁新宇，郑恩华，张东明. 固液界面吸附现象的研究 [J]. 南京化工学院学报，1994，16（2）：47~50.

[151] 陆现彩，侯庆锋，尹琳，等. 几种常见矿物的接触角测定及其讨论 [J]. 岩石矿物学杂志，2003，22（4）：397~400.

[152] Haddadin J，Dagot C，Fick M. Models of bacterial leaching [J]. Enzyme and Microbial Technology，1995，17（4）：290~305.

[153] Rijnaarts H H M，Norde W，Bouwer E J，et al. Bacterial deposition in porous media：effects of cell-coating，substratum hydrophobicity，and electrolyte concentration [J]. Environmental Science and Technology，1996，30（10）：2877~2883.

[154] Liddell K N C. Shrinking core models in hydrometallurgy：What students are not being told about the pseudo-steady approximation [J]. Hydrometallurgy，2005，79（1）：62~68.

[155] Teir S，Revitzer H，Eloneva S，et al. Dissolution of natural serpentinite in mineral and organic acids [J]. International Journal of Mineral Processing，2007，83（1）：36~46.

[156] Oudenne P D，Olson F A. Leaching kinetics of malachite in ammonium carbonate solutions [J]. Metallurgical Transactions B，1983，14（1）：33~40.

[157] Yartaşi A，Copur M. Dissolution kinetics of copper（Ⅱ）oxide in ammonium chloride solutions [J]. Minerals Engineering，1996，9（6）：693~698.

[158] 王少勇，吴爱祥，王洪江，等. 高含泥氧化铜矿水洗—分级堆浸工艺 [J]. 中国有色金属学报，2013（1）：229~237.

[159] 王洪江，吴爱祥，顾晓春，等. 高含泥氧化铜矿石分粒级筑堆技术及其应用 [J]. 黄金，2011，32（2）：46~50.

[160] 姜立春，李青松，吴爱祥．堆中布液浸出高泥堆场的机理研究［J］．矿冶工程，2003，23（2）：23~26.

[161] 胡根华．浅谈紫金山铜矿细菌堆浸—萃取工艺设计［J］．有色冶金设计与研究，2002，23（2）：10~12.

[162] Lizama H M. Copper bioleaching behaviour in an aerated heap［J］. International Journal of Mineral Processing，2001，62（1）：257~269.

[163] 刘维．MACA 体系中处理低品位氧化铜矿的基础理论和工艺研究［D］．长沙：中南大学，2010.

[164] Wang X，Chen Q，Hu H，et al. Solubility prediction of malachite in aqueous ammoniacal ammonium chloride solutions at 25℃［J］. Hydrometallurgy，2009，99（3）：231~237.

[165] 王成彦，崔学仲．新疆砂岩型氧化铜矿浸出工艺研究［J］．新疆地质，2001，19（1）：70~73.

[166] 刘志雄．氨性溶液中含铜矿物浸出动力学及氧化铜/锌矿浸出工艺研究［D］．长沙：中南大学，2012.